개 피부병
자연치유력으로 낫는다

개 피부병
자연치유력으로 낫는다

박종무 지음

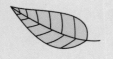

책읽는고양이

동네에서 작은 동물병원을 하면서 가장 많이 접하게 되는 질병이 귓병과 피부병이다. 그 중에는 아토피(아토피성 피부염)와 관련된 것이 많다. 아토피와 관련된 귓병과 피부병이 많은 이유는 이 질병은 치료를 해도 끝없이 반복되기 때문이다. 설사를 비롯한 다른 대부분의 단순한 질병은 한두 번 치료를 하면 상태가 호전되어 동물병원을 찾지 않는다. 그런데 아토피는 완치되지 않기 때문에 반복적으로 동물병원을 찾는다. 그리고 보호자들은 묻는다. "왜 이렇게 피부병이 자꾸 재발해요?"

이렇게 완치되지 않고 재발하는 피부병 때문에, 개의 피부가 오래전부터 그랬으며 여러 동물병원에서 치료를 받아보았는데 매번 마찬가지라며 치료를 포기하는 보호자도 있다. 반려동물과 반려인을 고생스럽게 하는 아토피는 치료자의 입장에서도 큰 스트레스다. 아토피는 왜 완치되지 않는 걸까? 수의사로서의 내 공부가 부족해서 그런 걸까? 이런 고민들로 한참을 피부병과 관련된 세미나를 찾아다니고 새로 습득한 지식을 임상에 적용하느라 분주했다. 그래도 아토피는 속수무책이었다. 도대체 무엇이 문제인 걸까?

나는 서양 의학의 시스템에서 수의학을 공부했고 또 서양 의학이 지배하는 사회에 살고 있기 때문에 당연히 서양 의학의 관점에서 아토피를 치료해왔다. 서양 의학은 아토피에 대해 주로 유전의 문제라거나 염증과 관련된 면역 세포의 문제로 보기 때문에, 명확한 원인을 밝혀내는 것보다 증상에 집중한다. 간지러워하면 간지럽지 않도록, 염증이 생기면 염증을 가라앉히는 치료를 한다. 이렇게 증상에 따라서 처치를 하는 치료법을 '대증 요법' 이라고 한다.

그런데 이렇게 증상만을 잠재우는 대증 요법으로는 아토피의 근본 원인을 제거하지 못한다. 재발과 치료가 반복될 뿐 결코 치유될 수 없는 메커니즘이다. 그래서였을까? 아토피에 대한 나의 오랜 고민은 쉽게 해결되지 않았다. 답보 상태에 있던 아토피에 대한 고민은 생명에 대한 이해가 깊어지고 서양 의학이라는 거대한 프레임을 벗어나면서 해법을 찾게 되었다. 자연주의, 홀리스틱 (holistic), 전인주의라고 불리는 프레임이 그것이다. 서양 의학이 대증 요법, 즉 나타나는 증상에 대한 치료라면, 자연주의, 홀리스틱, 전인주의 치료법은 증상이 나타나는 근본적인 원인을 알아내어 그 문제를 해결하고, 궁극적으로는 병이 나아 건강한 상태가 되는 것을 염두에 둔다.

특정 원인에 대한 알레르기 반응은 누구에게나 나타날 수 있지만, 건강한 사람은 쉽게 극복할 수 있다. 개의 아토피도 마찬가지이다. 스스로 건강함을 유지할 수 있는 면역력과 자연치유력을 회복할 수 있는 치료가 이루어진다면 개도 스스로 아토피로부터 벗어날 수 있다. 반려견이 스스로 면역력을 갖도록 도와주었을 때 계속 재발되는 아토피에서 벗어날 수 있는 길이 있다.

생명은 35억 년이라는 역사를 거쳐서 진화해왔다. 우리는 진화에 대해 생존 경쟁 같은 경쟁적인 면만 생각하는데, 정작 진화에서 중요한 점은 모든 생명은 각자가 처한 다양한 환경에 맞추어 적응하며 살게 되었다는 것이다. 그것도 그냥 사는 것이 아니라 건강하게 살도록 진화되어왔다. 그리고 문제가 발생할 경우 모든 생명은 스스로 치유할 수 있는 자연치유력과 생명력을 가지고 있다. 만약 자신이 살아가는 환경에 적응하지 못해 계속 트러블을 일으켜 많은 에너지 소비가 발생하거나, 스스로 치유하지 못해 약해지는 경우 천적에게 쉽게 잡아먹히거나 생존 경쟁에서 뒤처지게 된다. 지구상의 어느 동물도 주거 환경이나 음식으로 인한 아토피 등의 만성 피부병으로 오랜 시간 고생하지 않는다. 그런데 왜 유독 사람과 사람이 키우는 개들은 아토피로 고생하게 되었을까? 그것은 사람 사는 세상이 무엇인가 잘못되었기 때문이다.

이 책은 개에게서 흔히 발생하는 몇 가지 피부병을 간략히 소개하고, 만성적인 피부병과 귓병의 주요 원인인 아토피에 대해 집중적으로 소개할 것이다. 특히 아토피에 대해 기존의 서양 의학과는 다른 시각에서 접근한다. 그것은 생명에 대한 온전한 이해를 바탕으로 한 홀리스틱적이고 자연주의적인 시각이다. 끝없이 아토피를 유발하는 원인이 무엇인지 좀 더 깊게 살펴보고, 그러한 원인들로부터 벗어나 무기력한 모습에서 생기발랄한 모습으로 변신할 수 있는 방법들을 담았다. 또 아토피의 가려움증으로 고생하는 반려견에게 도움을 줄 수 있는 자연주의 요법으로 아로마 테라피를 소개한다.

이 책이 만성적인 개 피부병으로 고생하는 반려견과 그 반려견을 돌보는 반려인에게 작은 도움이 되기를 희망한다.

2022년 여름
박종무

차례

4부. 개 아토피 바꾸면 낫는다

5부. 아로마 테라피

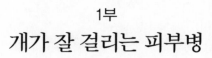

1부
개가 잘 걸리는 피부병

흔히 발생하는 개의 피부병

개의 피부병은 한두 가지가 아니다. 외국의 소동물 피부학(small animal dermatology) 책을 보면 천 페이지가 넘는 분량에 수십 종류의 개 피부병들이 소개되어 있다. 개 피부병은 원인에 따라 크게 세균성 피부병, 진균성 피부병, 기생충성 피부병, 바이러스성 피부병, 면역성 피부병, 내분비성 피부병, 유전성 피부병, 정신성 피부병, 환경성 피부병, 영양성 피부병 등으로 분류한다.

이 각각의 분류에 속하는 여러 피부병이 있다. 이 모든 피부병을 소개하는 것은 쉽지 않은 일이다. 또 많은 피부병이 동네에서 진료하고 있는 저자와 같은 수의사 또한 쉽게 접하지 못하는 희귀한 피부병이다. 그렇게 드물게 발생하는 피부병까지 일반 독자에게 소개하는 것은 불필요한 정보를 제공함으로써 독자의 시간을 소모하는 것이다. 따라서 이 책에서는 반려인들이 흔하게 접하는 개 피부병을 위주로 소개하고자 한다.

　개가 잘 걸리는 만성적인 피부병과 귓병은 거의
가 아토피성 피부염(이하 '아토피'로 칭함)과 관련
되어 있다. 따라서 이 책의 많은 부분은 아토피와
관련된 내용을 다룰 것이다. 그에 앞서 아토피 외에
자주 접하게 되는 개 피부병을 살펴보자.

모낭충증

아토피가 심하다며 동물병원을 찾아오는 개들 중에는 아토피가 아닌 경우도 있다. 어느 날 아토피가 심하다며 내원한 강아지를 보는 순간, 어떻게 피부가 저렇게까지 될 수 있을까 하고 나도 깜짝 놀랐다. 얼굴은 말할 것도 없고 다리를 비롯해 온몸 여기저기가 피딱지로 덮여 있었다. 피부를 자세히 들여다보니 너무 심하게 손상된 상태여서 건드리기만 해도 피부가 터지면서 피가 흘러나왔다. 괴기 영화를 보면 피부가 갈라지면서 괴물이 튀어나오듯이, 이 강아지는 피부의 곳곳이 터지면서 흘러나온 피가 굳어서 온몸에 엉겨 붙어 있었다. 보호자는 강아지의 증상이 갈수록 심해져 먼 데서부터 찾아온 것이었다. 강아지의 피부 병변 양상은 첫눈에 보기에도 아토피와는 많은 차이가 있었고, 또 아토피라고 하더라도 어린 강아지로서는 상태가 끔찍할 정도로 심했다.

얼굴 피부가 갈라져서 흘러나온 피로 피딱지가 덮여 있다.

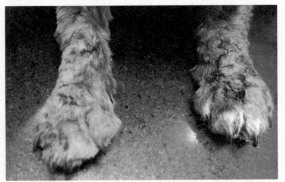

발등 곳곳의 피부가 갈라져 피가 흘러나와 피딱지가 덮여 있다.

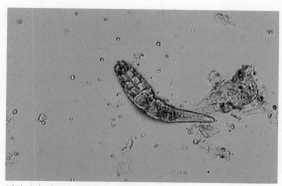
강아지의 피부에서 검출된 모낭충.

　이 강아지의 피부층을 메스날로 긁어서 피부 스크래핑(skin scrapings) 검사를 해보았다. 현미경 검사 결과 많은 수의 모낭충(demodex canis)이 확인되었다. 모낭충 감염에 의한 심한 피부병이었다.

　모낭충은 개의 모낭에 평상시에도 극소수 존재하는 외부 기생충이다. 피부 면역력이 강한 경우 모낭충은 피부에 영향을 끼칠 정도로 증식하지 못하고 겨우 명맥만을 유지한다. 하지만 피부 면역력에 문제가 있는 경우 급증해 피부병 증상을 일으키게 된다. 따라서 모낭충증은 개의 피부 면역력에 문제가 있어서 발생하는 질병이다. 개 모낭충증 치료는 모낭충을 죽이는 약과 약욕, 외부 기생충을 죽이는 주사와 등에 바르는 약으로 한다. 이 강아지 또한 모낭충증 치료법에 준한 치료와 면역력을 증강시켜

줄 수 있는 조치를 취했다. 일주일 후에 동물병원을 찾아왔을 때 강아지는 너무도 다른 모습이 되어 있었다.

보통 개에게 피부병이 있을 때 동물병원에서 흔하게 사용하는 약이 항생제와 스테로이드제이다. 이 약들은 피부병의 원인이 무엇이었든 간에 일단은 염증을 완화시켜준다. 그런데 모낭충증은 개의 피부 면역력이 약해서 생기는 피부병이다. 이런 개에게 스테로이드제를 사용하는 경우 스테로이드제가 염증 반응을 억제하기에 일단은 피부 증상이 개선되는 것 같지만, 스테로이드제가 피부 면역력 또한 억제하기 때문에 시간이 지나면 피부 상태는 급격히 악화된다. 그렇기 때문에 개에게 피부염이 있다고 무작정 항생제나 스테로이드제를 남용하기보다는 원인이 무엇인지 확인하고 적합한 약물을 사용하는 것이 중요하다.

또 모낭충증을 가진 개는 선천적으로 면역력이 약한 경우가 많고, 이런 약한 면역력은 새끼에게도 유전이 되므로 새끼를 낳지 못하도록 불임 수술을 시켜주어야 한다. 모낭충증은 대부분 선천적으로 면역력이 약한 어린 강아지에게서 발생하지만 다른 개에게서도 발생할 수 있는데, 그런 개는 면역력을 약화시키는 어떤 기저 질환이 있는 경우가 많다.

따라서 다 큰 개에게서 모낭충증이 발생했다면 모낭충증뿐만 아니라 면역력을 저하시킨 기저 질환 또한 찾아서 해결해주어야 한다.

개선충증

외부 기생충으로 인해 흔하게 발생하는 또 다른 피부병으로는 개선충증이 있다. 개선충증은 개선충(Sarcoptes scabiei var canis, 옴진드기)에 감염되어 발생한다. 예전에는 애견 센터에서 분양해온 강아지가 개선충증에 걸려오는 경우가 많았다. 판매되는 강아지들은 대부분이 강아지 공장이라 불리는 번식장에서 번식되었는데, 그곳에서 사육되는 어미개들이 개선충에 감염된 경우가 많았기 때문이다. 강아지들은 어미개의 젖을 빨면서 개선충에 감염된 상태로 분양된다. 분양을 해온 강아지들은 처음에는 별 증상이 없지만 시간이 지나면서 개선충이 번져 귀 끝과 다리를 가려워하고 깨물게 된다. 그리고 피부 병변은 점점 퍼져나간다.

이 개선충증과 모낭충증의 대표적인 차이점은 감염성이다. 모낭충증은 그 개의 면역력이 문제이기 때문에 다른 개나 사람에게 전파되지 않는다. 하

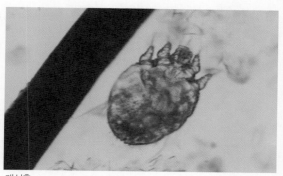

개선충.

지만 개선충증은 다른 개는 말할 것도 없고 사람에게도 전파된다. 사람에게 감염되면 팔이나 허벅지 또는 배와 같이 주로 사람이 강아지를 안고 있는 부위에 소양감(아프고 가려운 느낌)이 무척 심한 불긋불긋한 반점이 생긴다.

개선충증은 피부염 증상을 보이는 귀 끝이나 다리의 피부를 메스로 긁어서 피부 스크래핑 검사를 하고, 현미경 검사에서 개선충이 확인되면 확진된다. 개선충증도 몇 차례에 걸쳐 외부 기생충을 죽이는 약물로 약욕을 시키고, 개선충을 죽이는 약과 주사로 치료한다. 사람의 가려움증은 피부과에 가서 강아지에게 옴이 옮은 것 같다고 이야기를 하고 치료를 받아야 한다. 다행히 최근에는 번식장의 환경

이 개선되어서인지 분양된 강아지가 개선충에 감염
되어 있는 경우가 많이 감소했다.

피부사상균증

다음으로 개에게서 흔히 볼 수 있는 피부병이 피부사상균증(피부진균증)이다. 피부사상균증은 마이크로스포룸 캐니스(Microsporum canis)나 마이크로스포룸 집시움(Microsporum gypseum)과 같은 곰팡이에 감염되어서 발생한다. 이들 곰팡이는 모근 부위에 감염되어 털을 끊어지게 하여 탈모를 일으킨다. 그리고 탈모 현상이 원형으로 번져나간다. 그래서 피부사상균증은 원형으로 벌레가 먹은 것 같다고 하여 링웜(ringworm)이라고도 한다. 보통 피부 면역력이 약한 어린 강아지나 고양이에게서 잘 발생한다. 피부 증상은 원형 탈모가 대부분이고 가려움증은 거의 없다.

피부사상균증의 진단은 형광 불빛을 내는 우드 램프(wood's lamp)로 검사를 하거나 피부 병변의 가장자리에서 털을 채취해 곰팡이 배지(培地)에 배양해 검사를 한다. 배지에 배양된 검체에 곰팡이가

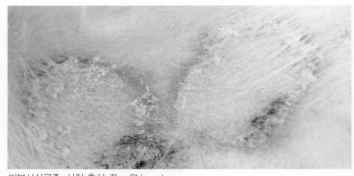
피부사상균증. 사진 출처: The Skin vet.

있는 경우 곰팡이가 자라면서 내뿜는 분비물로 인
해 배지의 색이 붉게 변한다. 피부사상균증은 쉽게
뿌리가 뽑히지 않기 때문에 항진균 샴푸로 약욕을
시키고, 4~6주가량 항진균제 약물을 먹여야 한다.
그리고 피부사상균은 사람에게도 전파될 수 있기
때문에 조심해야 하고, 반려인의 피부가 원형으로
붉은 피부염 증상을 보인다면 피부과에 가서 치료
를 받아야 한다.

반려동물에게 가장 흔하게 발생하는 감염성 피
부병으로는 세균과 말라세지아 감염에 의한 피부병
이 있다. 하지만 이 경우 단지 세균과 말라세지아
감염에 의해서 발생하는 경우보다는 아토피의 병발

증상인 경우가 많다. 따라서 이들 감염증에 대해서는 아토피를 다루면서 다시 언급하도록 하겠다.

세균이나 곰팡이, 외부 기생충과 같은 병원체의 감염으로 인한 피부병뿐만 아니라 흔히 접할 수 있는 반려동물의 피부병에는 호르몬의 이상에 의한 피부병도 있다. 그 대표적인 것이 갑상선 기능 저하증과 쿠싱 증후군이라고 불리는 부신 피질 기능 항진증이다.

갑상선 기능 저하증

강아지 미용을 한 후 좌우 대칭으로 털이 나지 않거나, 털이 건조하고 푸석푸석해지다가 알게 모르게 좌우 대칭으로 탈모가 되는 경우 갑상선 기능 저하증인 경우가 많다.

갑상선에서는 갑상선 호르몬이 분비되는데 이 호르몬은 몸의 거의 모든 세포 활동에 영향을 끼친다. 기초 대사율을 높이고, 산소 소모를 증가시키며, 탄수화물·지방·단백질 대사를 촉진하고, 심장과 위장관 운동을 자극한다. 갑상선 기능 저하증은 이런 기능을 하는 갑상선 호르몬이 정상적으로 분비되지 않음으로 인해 전신적인 대사가 제대로 이루어지지 않게 되는 병이다.

식욕이 증가한 것도 아닌데 체중이 늘어나고, 활력이 없고 움직이지 않으려고 하며, 심장 박동도 느려지고, 추위도 잘 타게 된다. 그리고 피부와 관련해서는 피부나 털의 세포 활성이 저하되면서 털이 건조하고 푸석해지며 쉽게 탈모가 된다. 또 피부나 귀에 쉽게 세균 감염이 생기고 재발도 잘되며, 털을 깎고 난 후에 잘 자라지 않게 된다. 그리고 피부에 검은 색소의 침착이 증가하게 된다.

갑상선 기능 저하증은 혈액 내의 갑상선 호르몬을 측정해 진단하고, 갑상선 기능 저하증이 확진된 경우 갑상선 호르몬제를 먹여 치료한다.

그런데 이런 갑상선 기능 저하증은 왜 발생하는 것일까? 갑상선 기능 저하증은 95% 이상이 림프구성 갑상선염과 특발성 갑상선 위축 때문에 발생한다. 림프구성 갑상선염은 갑상선 기능 저하증의 가장 흔한 원인으로, 림프구가 갑상선 세포를 파괴하는 것이다. 특발성 갑상선 위축은 갑상선 조직이 지방 조직으로 대체됨으로써 기능을 하지 못하게 되는 것이다. 그럼 왜 면역 세포인 림프구가 갑상선 세포를 공격하고, 정상적인 갑상선 조직이 지방 조직으로 대체되는 것일까? 현대 의학은 그 원인을 '특발성'이라고 이야기한다. 특별한 원인이 없이 일어난다는 것이다. 정말 그런 것일까? 35억 년 진화의 역사를 거쳐온 생명에게 원인이 없는 결과가 있을까?

현대 의학은 갑상선 기능 저하증뿐만 아니라 많은 질병의 원인을 특발성이라고 한다. 원인은 특발성이라며 나 몰라라 하면서, 문제가 되는 것은 대중 요법으로 약물을 투여한다. 갑상선 기능 저하증의 원인은 잘 모르겠고 갑상선 호르몬 수치가 떨어졌으니 갑상선 호르몬제를 투여한다. 이런 방식은 갑상선 기능 저하증에만 해당되지 않는다. 현대 의학은 많은 질병을 이와 비슷한 방식으로 접근한다. 눈에 보이지도 않는 유전자의 염기 서열까지 분석해 내는 현대 과학과 현대 의학이 정말로 많은 주요 질병들의 원인을 모르는 것일까? 이 부분에 대해서는 아토피에 대해 이야기하면서 좀 더 깊이 다루도록 하겠다.

쿠싱 증후군

다음으로 많이 발생하는 호르몬성 피부병이 쿠싱 증후군(Cushing's Syndrome)이라고 불리는 부신 피질 기능 항진증이다. 부신은 신장 바로 앞에 붙어 있는 조그마한 분비 기관이다. 이 부신은 겉질과 속질로 나뉘어 있으며, 이 겉질과 속질에서 몸의 항상성을 유지하기 위한 다양한 호르몬이 분비된다.

이러한 부신의 기능이 항진되면 겉질에서 스트레스를 받아 몸의 적응을 촉진시키기 위한 스트레스 호르몬인 코르티솔이 과량 분비된다. 그 영향으로 물을 많이 마시고 오줌을 많이 누게 된다. 또 사료도 많이 먹게 된다. 간은 커지고 복부의 근육은 약해져서 배가 올챙이배(potbelly)처럼 튀어나와 보이게 된다. 그리고 피부가 얇아지고 그로 인해 피부 안쪽의 혈관이 선명하게 보이게 된다. 또 갑상선 기능 항진증과 비슷하게 대칭적으로 탈모가 발생하고 세균과 말라세지아 감염이 쉽게 일어난다.

부신 피질 기능 항진증이 발생하는 원인은 가장 많은 경우가 스테로이드제를 장기간 복용함으로 인해 체내에 부신 피질 호르몬 수치가 높아졌기 때문이다. 이것을 의인성 쿠싱 증후군(Iatrogenic Cushing's Syndrome)이라고 한다. 다음으로 많이 발생하는 원인은 부신에서 부신 피질 호르몬이 과다하게 분비되었기 때문이다. 여기에는 부신 자체의 문제로 과다하게 호르몬이 분비되는 경우와 부신의 기능을 촉진하는 뇌하수체의 기능이 항진된 경우가 있다. 이 두 경우 모두 부신 종양과 뇌하수체 종양을 첫 번째 원인으로 이야기한다.

부신 피질 기능 항진증을 진단하는 것은 갑상선 기능 저하증에 비해 복잡하다. 그것은 의인성 쿠싱 증후군인지 아닌지를 구분해야 하고, 부신 피질 호르몬이 뇌하수체와 부신 중에 어느 장기의 영향으로 과다하게 분비되는지 감별해야 하기 때문이다. 여러 가지 검사법을 이용해 부신 피질 호르몬 분비의 변화를 측정해 진단하고, 부신 피질 기능 항진증이 확진된 경우 부신 피질 호르몬 합성을 저해하는 약물을 먹여 치료한다.

쿠싱 증후군은 별개의 질병으로 이야기하지만 사실은 아토피와 매우 밀접한 연관이 있는 질병이다. 쿠싱 증후군을 유발하는 가장 흔한 원인이 장기적인 스테로이드제의 복용인데 그것은 만성적인 가려움을 유발하는 피부병, 즉 아토피를 치료하면서 복용한 경우가 대부분이다. 또 현대 의학은 쿠싱 증후군의 원인이 되는 뇌하수체나 부신의 종양이 발생하는 것에 대해 유전성이거나 특발성이라고 이야기한다. 하지만 그러한 조직이 종양성 변이를 일으키는 것은 지속적으로 뇌하수체나 부신과 같은 장기에 과도한 자극이 이루어졌기 때문이다. 장기가 피로해져서 종양성 변이를 일으키는 것이고, 그러한 지속적인 자극에 아토피와 아토피 치료를 위해 장기간 투여한 약물이 일정 부분 역할을 하고 있다.

쿠싱 증후군뿐만 아니라 다양한 질병들, 특히 과잉된 면역과 관련된 질병들은 그 장기만의 문제가 아니고 전신적으로 건강을 해치는 어떤 요인들이 누적되어 그것이 특정 장기에 증상으로 나타나는 것이다. 따라서 어떤 장기에 문제가 있을 때 그 장기만의 문제를 해결하겠다고 접근하기보다는 전신적인 건강을 증진시키는 방향에서 문제에 접근해야 한다. 그것이 전인적인, 다시 말해 홀리스틱적 (holistic) 접근이다.

심리적 문제

개에게 피부 문제를 일으키는 원인 중에는 감염이나 특정 장기의 문제뿐만 아니라 심리적 문제도 있다. 개는 심리적으로 불안하거나 장시간 무료한 경우 스트레스가 누적되어 발가락을 심하게 핥거나 피가 배어날 정도로 피부를 긁을 수 있다. 이러한 문제를 예방하기 위해서는 개가 심리적으로 불안한 상태에 놓이지 않도록 해야 한다. 또 집에 혼자 장시간 방치하는 경우나 분리 불안이 심한 경우 증상이 심해질 수 있으므로 그러한 상황에 놓이지 않도록 해야 한다.

많은 개들이 분리 불안 문제로 고통을 받고 있는데, 어렸을 때부터 개가 정서적으로 독립될 수 있도록 키우지 않고 과도하게 반려인에게 의존하도록 키워진 경우 그럴 수 있다. 따라서 개가 어려서부터 반려인에게 과잉 의존하는 성격이 되지 않도록 돌봐줘야 한다. 그리고 무료함이 누적되지 않도록 같이 놀아주거나 산책을 주기적으로 하는 것이 좋다. 또 심리적인 문제가 심한 경우 그런 상태를 개선하기 위해 배치플라워(Bach Flower) 요법을 이용하는 것도 도움이 된다. 배치플라워는 허브를 이용해 반려동물의 다양한 심리적 문제를 완화해주는 보완요법이다.

2부
개 아토피 왜 끝없이 재발하는가

아토피는 완치되지 않는 질병인가

　몇 년 전 우리 동물병원에 시츄 한 마리가 있었다. 오갈 데가 없어서 동물병원으로 데려온 유기견이었는데, 얼굴이 너부죽하게 생겨서 넙죽이라고 불렀다. 많은 유기견들이 그렇듯이 넙죽이도 건강 상태가 그다지 좋은 편은 아니었다. 귀에도 가끔 염증이 생겼지만, 무엇보다도 넙죽이의 문제는 발가락 사이를 심하게 핥는 것이었다. 어떤 때에는 너무 심하게 핥아 발가락 사이가 헐어 피가 뚝뚝 떨어질 정도였다. 심하게 핥을 때 발가락 사이를 검사하면 말라세지아라는 효모균이 검출되곤 했다. 약을 먹이고 주사를 놓고 발가락 사이를 약 샴푸로 약욕시키면 얼마 지나지 않아 피부 상태는 괜찮아졌다. 하지만 그렇게 치료를 해도 핥는 것을 멈추지 않았고, 잠시라도 신경 쓰지 못할 때면 어김없이 발가락을 핥아서 피부가 헐어 안쪽에 있는 뼈가 드러나기도 했다. 부랴부랴 소독을 하고, 경우에 따라서는 시술을 해서 벌어진 피부를 봉합하고 치료를 해주었다. 그러면 문드러졌던 발가락 사이 피부는 재생되어 원상태로 돌아왔지만 핥는 것은 여전히 멈추지 않았다. 넙죽이는 매번 핥지 말라고 하니까 눈치를 봐가면서 핥든가 아예 어디엔가 숨어서 핥았다. 그러다 보면 또 발가락 사이의 피부는 문드러져 피고름이 뚝뚝 떨어졌다. 결국 나중에는 발가락 사이를 핥지 못하게 엘리자베스 목 칼라를 착용하고 살았다. 너무 답답해 보이면 가끔 목 칼라를 벗겨주기도 했는데, 그럴 때면 또 여지없이 핥았다.

넙죽이는 왜 그렇게 발가락 사이의 뼈가 드러날 정도로 핥았을까? 당시에는 그 이유를 알 수 없었다. 이런저런 자료도 찾아보고 조언을 구해 적용해보면 당장 억제시키는 것은 가능했지만 근본적으로 핥는 것을 해결하지는 못했다. 그렇다고 1년 365일 항생제나 스테로이드제, 항히스타민제와 같은 약을 쓸 수는 없었다. 상태가 심해지려고 하면 주사를 놓고 약을 먹인 후 안쓰러운 마음에 동물병원에서 판매하던 말린 닭고기 간식을 하나씩 집어주며 위로할 뿐이었다. 넙죽이는 그러한 삶을 살다가 나에게 온 지 9년 정도 지난 무덥던 어느 여름날 이 세상에 작별을 고했다. 매일같이 반복되는 일이 발가락을 핥는 일이었고, 목 칼라를 해놓으니까 나중에는 목

9년을 같이 산 넙죽이.

칼라를 한 상태로 머리를 발가락에 문지르던 넙죽이, 삶에 어떤 낙도 없는 듯 무기력해 보이는 눈으로 발가락을 핥는 것이 생활의 대부분이었던 넙죽이는 더 이상 가려움증이 없는 세상으로 갔다.

끝없는 가려움으로 고생을 하는 개가 넙죽이만은 아니다. 동네에서 동물병원을 하고 있으면 가장 많이 데려오는 개가 귓병이나 피부병을 앓고 있는 경우다. 발가락 사이를 핥거나 귀가 약간 빨갛게 부어오르는 가벼운 증상에서부터, 여기저기 털이 빠지고 피부가 코끼리 껍질처럼 두꺼워지거나 귀에서 누런 고름이 흘러나오는 심한 상태에 있는 개들까지 증상은 다양하다. 이런 증상을 보이는 것은 대부분 아토피성 피부염(아토피) 때문이다. 그런데 아토피의 문제는 이런 증상이 한 번 나타나면 반복적으로 재발되고, 시간이 지나면서 더욱 상태가 심해진다는 것이다. 바로 이 부분이 많은 반려인들이 힘들어하는 이유이며, 수의사인 나에게도 풀리지 않는 숙제로 늘 따라다니는 고민이었다.

이 문제를 해결하기 위해 이런저런 피부병 세미나를 숱하게 찾아다니며 공부했다. 그중에는 세계적으로 권위가 있다는 피부병 전공 수의학 박사의 세미나도 있었다. 그 세미나는 외국의 유명한 제약회사가 개최한 것이었고, 강연은 동시통역으로 진행되었다. 그 박사는 이렇게 말했다. "아토피는 유전성 질병이기 때문에 완치되는 질병이 아닙니다. 치료를 시작하기 전에 보호자에게 그 부분을 확실하게 인지시켜야 합니다. 그리고 아토피는 약품으로(그날 소개한 특정 약품을 가리키며) 평생 관리를 해야 하는 질병입니다."라고 말이다.

세계적으로 권위 있는 피부병 전공 수의학 박사의 말에 의하면 아토피로 인한 개와 반려인의 고통, 그리고 수의사인 나의 숙제는 해결될 수 없었다. 아토피는 완치될 수 없는 질병이기 때문이다. 개의 아토피 피부병을 공부하면 할수록 의문만 늘어갔다. 도대체 왜 아토피는 끝없이 재발하는 것일까? 답답하기만 한 그 의문은 지금까지 나의 사고를 가두고 있던 서양 의학이라는 프레임을 객관적으로 인식하는 순간 숨통이 트이기 시작했다. 무엇이 문제인지 인식할 수 있게 된 것이다.

지금까지 아토피는 염증이 생기면 스테로이드제와 같은 소염제를 투여해서 가라앉히고, 가려워하면 항히스타민제를 써서 가려움을 멈추는 방법이 치료라고 생각하며 오랜 동안 그렇게 해왔다. 약을 투여한 후 증상이 호전되면 질병이 나은 것으로 믿어왔다. 서양 의학을 바탕으로 한 현대 수의학에서 그렇게 배워왔기 때문이다. 그리고 증상이 재발하는 것은 그 개의 유전적인 문제이기 때문에 어떻게 할 수 없는 부분이고, 외국에서 온 수의학 박사의 말처럼 평생 아토피 약을 사용하거나 먹여야만 한다고 생각을 해왔다. 서양 의학의 프레임으로 보면, 아토피란 치유될 수 없고 평생 치료·관리해야 하는 질병이라는 말이 맞다. 유전자의 문제로 발생하는 질병은 현대 의학으로 어떻게 할 수 없는 문제이기 때문이다.

하지만 서양 의학의 프레임에서 벗어나면서 아토피가 왜 발생하는지, 왜 끝없이 재발하는지를 이해할 수 있게 되었다. 또 원인을 알기에 그에 따라 해결하는 방안도 찾을 수 있었다.

서양 의학은 몸에서 일어나는 일상적이지 않은

증상을 있어서는 안 될 것으로 취급한다. 그래서 그러한 증상이 어떻게 일어나는지 생화학적인 과정 (mechanism)을 분석하고, 그러한 증상이 일어나지 않도록 다양한 방법을 강구한다. 가려움증이 있으면 가렵지 않도록 하고, 빨갛게 부으면 빨갛게 되지 않도록 한다. 그러한 시각에는 왜(Why)가 없다. 그러한 증상이 왜 일어나는지에 대한 고민 없이 단지 발생한 불편한 증상만을 없애려고 할 뿐이다. 서양 의학은 가렵거나 빨갛게 붓는 것이 불편하다는 이유로 증상을 가라앉히려고 노력할 뿐 왜 몸에서 그러한 반응이 일어났는지는 등한시한다. 결과적으로 근원적인 문제가 계속 해결되지 않았기 때문에 원상태로 돌아가려는 특이 반응이 재발하는 것이다.

하지만 프레임을 달리하면 같은 증상도 다르게 보인다. 몸은 항상 건강한 상태를 유지하려는 성질이 있다. 이를 항상성(homeostasis)이라고 한다. 몸에서 일상적이지 않은 증상이 나타나는 것은 어떤 원인으로 인해 몸의 항상성이 깨졌음을 의미한다. 이럴 때 몸은 원래 상태로 돌아가기 위해 특이 반응을 보인다. 아토피로 나타나는 피부 가려움이나 빨갛게 붓는 증상은 몸에 유익하지 않은 어떤 원인에 대해 몸이 건강한 상태를 유지하기 위해 싸우고 있는 과정이다. 여기에 아토피로부터 벗어날 수 있는 열쇠가 있다. 지금의 아토피 치료는 원인은 방치한 채로 증상만을 잠재웠기 때문에 끝없이 재발했던 것이다. 증상뿐만 아니라 근본적인 원인이 무엇인지 찾아서 제거해주면 지겹게 재발하던 아토피로부터 벗어날 수 있다.

Tip 아토피와 알레르기

아토피와 많이 혼동되는 용어가 알레르기(allergy)이다. allergy라는 단어는 그리스어로 '다르다'는 뜻의 'allos'와 '작동한다'는 뜻의 'ergon'의 합성어이다. 다시 말해서 allergy는 어떤 요인에 대해 다른 사람들과 다르게 반응한다는 것이다. 어떤 사람은 복숭아를 맛있게 먹는데 어떤 사람은 복숭아 근처에만 가도 가려움증을 느낀다. 이럴 때 그 사람을 복숭아에 알레르기가 있다고 한다.

아토피(Atopy)라는 용어는 1923년 미국의 쿠크(Robert Cooke)와 코카(Arthur F. Coca)의 의해 처음으로 만들어졌다. 이들은 알레르기 반응 중 다른 알레르기 반응과는 뭔가 조금 다르고, 그러면서 유전적인 소견이 있는 알레르기를 다른 알레르기와 구분하기 위해 아토피라고 이름을 붙였다.

몸은 외부에서 들어온 이물질로부터 스스로를 지키기 위한 다양한 반응을 하는데, 이러한 반응을 면역 반응이라고 한다. 이 면역 반응 중 외부의 물질에 대한 과민 반응을 크게 4가지로 나눈다. 그중에서 아토피를 포함한 알레르기는 I형 과민 반응에 속한다. I형 과민 반응은 외부에서 들어오는 이물질('알레르겐' 또는 '항원'이라고 한다)에 대해 면역글로불린T(IgE)가 생성되고, 이 IgE가 알레르겐과 결합하면서 두드러기, 가려움증, 기침, 콧물, 재채기 등의 증상을 나타낸다. 이런 Ⅰ형 과민 반응은 알레르겐에 노출되었을 때 바로 증상이 나타나기 때문에 즉시형 또는 IgE 매개형 과민 반응이라고 한다. 꽃가루 등에 민감한 사람이 갑자기 콧물을 흘리고 기침을 하거나, 복숭아나 게를 먹은 사람이 갑자기 여기저기 빨갛게 붓고 가려움을 느끼는 것이 이에 해당한다.

알레르기와 아토피의 구분은 임상 증상과 병력 등의 임상적 진단 기준에 따라서 진단한다. 현재 널리 이용되는 방법은 1980년에 하니핀(Jon M. Hanifin)과 라이카(Georg Rajka)가 제시한 방법으로 주증상 4가지와 부증상 23가지를 설정해 주증상 중 3가지 이상, 부증상 중 3가지 이상을 보이면 아토피로 진단한다.[1] 그러나 알레르기와 아토피는 엄밀하게 따지면 차이가 있지만 임상에서 엄밀히 구분하는 것이 쉽지 않기 때문에 보통은 혼용해 사용하고 있다.[2]

아토피를 유발하는 원인으로 서양 의학은 세균, 진드기, 곰팡이, 단백질, 유전자, 개, 고양이, 휘발성 유기 화합물, 우유, 계란, 살균제, 보존제, 시멘트, 습도, 미세먼지 등 매우 다양한 것들을 이야기하고 있다. 아토피가 알레르기와 구분되는 가장 큰 특징 중의 하나가 알레르기는 일시적이거나 특정한 알레르기원을 피하면 시간이 지나면서 가라앉지만 아토피는 알려진 원인을 제거한다고 해도 끝없이 재발한다는 것이다. 이렇게 끝없이 재발하는 이유 중의 하나는 아토피의 근본적인 원인을 완벽하게 제거하지 못한 측면도 있다. 그렇기 때문에 아토피를 유발하는 원인에 대한 좀 더 많은 고민이 필요하다. 원인을 제대로 알아야 그것에 대한 적절한 해결 방법을 모색할 수 있기 때문이다.

아토피, 시작은 미약하나 커다란 고통으로 번진다

아토피를 앓고 있는 개들도 많고 그 증상도 천차
만별이다. 아토피의 초기 증상은 피부 병변을 식별
할 수 없거나 미약한 붉은 반점이 있는 정도이며, 가
려워하는 것이 주된 증상이다. 대부분의 반려인들
이 볼 수 있는 개의 아토피 증상은, 겉으로 보기에는
아무 증상이 없는데 발가락을 수시로 핥거나 얼굴
을 바닥에 부비는 행동을 하는 것이다. 또는 뒷발로

전신에 아토피 증상을 보이고 있는 시츄.

귀를 긁기도 한다. 이러한 행동이 반복되면 초기에는 아무 증상도 보이지 않던 발가락은 사이의 털이 갈색으로 착색되고, 피부는 군데군데 붉게 되는 발적 증상이 나타난다.

초기에는 특이한 증상을 보이지 않던 아토피는 시간이 경과하면서 세균이 과다 증식되어 피부에 고름이 생기고 피지가 과다하게 분비되는 지루성 피부 질환으로 진행되기도 한다. 이것이 만성화되면서 세균성 농피증과 말라세지아 피부염으로 발전하기도 하고, 부분 탈모, 타액에 의한 착색, 빨갛게 붓는 발적, 피부에 고름 주머니가 생기는 농포, 멜라닌 색소가 침착되어 피부가 검게 변하는 과색소 침착, 피부가 코끼리처럼 두툼하게 되는 태선화 등이 일어난다.

아토피는 시간이 지나면서 귀 안이 빨갛게 부어오르거나 발가락 사이가 부어오른다. 또 귀에서 고름이 나오는 경우도 있고, 발가락 사이에 끈적거리는 지루가 과다하게 분비되는 경우도 있다. 겨드랑이나 등과 같은 부위에 염증 반응을 보이기도 한다. 어떤 개들은 피부가 과도하게 건조해지면서 많은 비듬이 떨어지기도 한다. 이러한 상태가 되면 동물 병원에서 각 부위에 따라 병명을 붙인다. 귀는 귓바퀴에서 고막까지의 외이, 그리고 중이와 내이로 나뉘는데, 외이에 염증이 있으면 외이염이라고 하고

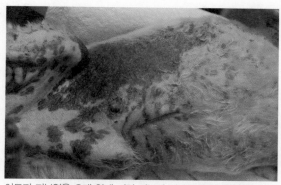

아토피 피부염을 오래 앓게 되면 피부에 멜라닌 색소가 침착되어 피부가 검게 변한다. 피부에 노랗게 염증물이 묻어 있고 염증으로 빨갛게 발적이 돋아 있다.

눈 주위 부종과 발적 그리고 과색소 침착, 탈모 증상을 보이는 말티즈.

중이와 내이에 염증이 있으면 각각 중이염과 내이염이라고 한다. 발가락 사이에 염증이 있으면 지간염, 등이나 복부에 염증이 있으면 표재성 피부염과 같은 방식으로 부른다. 여기에서 귀, 눈 주위, 입술,

외이염은 처음에는 빨갛게 발적이 돋는 염증 반응만을 보인다. 이에 대해 적절한 조치를 취해주지 않고 시간이 지나면 코끼리 피부처럼 태선화가 되며, 검게 멜라닌 색소가 침착된다.

겨드랑이, 발가락 사이는 부위가 다르지만 모두 피부라는 것을 이해해야 한다. 병명은 다르지만 모두 피부에 비정상적인 증상이 나타난 것이다. 아토피는 개들에 따라서 증상이 나타나는 부위는 다를 수 있다. 하지만 근본적인 원인은 대다수가 비슷하다.

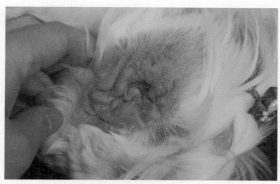

심한 부종으로 외이도가 완전히 막힌 말티즈.

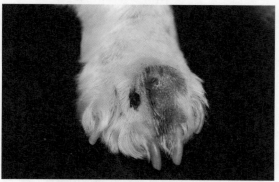

지간염에서 유래된 소포낭종. 아토피 증상을 보이는 개들의 초기 증상 중 하나는 발가락을 핥는 것이다. 가려움증이 심한 개들은 발가락 사이 피부가 물러져 터질 때까지 핥는다.

이런 아토피 증상은 시간이 지나면 전신으로 확대되어 나타난다.

아토피를 적절하게 관리하지 못해 진행되면 사진에서와 같이 증상이 심해질 수 있다.

원인을 배재한 증상 치료의 문제점

　지나고 생각해보면 그렇게도 많은 피부병 세미나를 찾아다녔던 이유는 하나다. 세미나에서 제시한 원리와 처방들로 아토피가 해결되지 않았기 때문이다. 아토피 연구에 권위가 있다는 또 다른 수의피부학 박사는, 아토피 질환을 앓고 있는 개들은 사료 내의 단백질에 의한 알레르기 반응 때문에 문제가 생기는 것이므로 아토피용 처방 사료를 먹이면된다고 했다. 하지만 오랫동안 아토피용 처방 사료를 먹여도 피부가 완전히 좋아지는 개는 별로 없었다. 단지 피부병 상태가 이전만큼 심해지지 않는 정도였다.

　그렇다면 무엇이 문제인 것일까? 계속 깊어지는의문에 대해 쉽게 해답을 찾지 못했다. 왜 최신 의료 지식이라는 것이 아토피 앞에서는 무용지물이되는 것일까? 정말 아토피는 해결할 수 없는 문제이고 해답이 없는 것인가? 이에 대한 해결책을 구하기 위해 노심초사하던 어느 날 나는 드디어 아토피를 이해하는 작은 실마리를 찾게 되었다. 그것은 바로 동종 요법의 시각이었다.

기존 서양 의학의 프레임 안에 있으면 아토피는 유전자의 문제였고, 현대 의학 수준에서는 우리가 어떻게 해줄 수 있는 것이 없었다. 기껏 한다는 것이 스테로이드제나 면역 억제제를 투여하는 것이었다. 하지만 동종 요법은 질병을 다른 시각에서 보고 있었다. 서양 의학은 몸에서 나타나는 증상들을 있어서는 안 될 병적인 상태로 보고 그 증상을 억제하려고 하지만, 동종 요법은 몸에서 나타나는 증상을 몸이 스스로 치유하기 위한 과정으로 바라본다. 문제는 어떤 증상이 나타난다는 '현상'이 아니라 그런 증상이 '왜(why)' 나타나느냐 하는 점이었다.

동종 요법의 측면에서 바라보았을 때 아토피가 재발하는 이유는 명쾌했다. 아토피는 몸에 해로운 어떤 물질이 체내로 들어왔기 때문에 그것을 제거하기 위한 면역 반응이고 치유의 과정이다. 어떤 원인이 계속되어 지속적으로 몸의 면역 작용을 과도하게 일어나도록 하는 것이다. 이럴 때는 몸에 그런 반응을 일으키는 근원적인 원인을 찾아서 제거해주어야 한다. 그런데 서양 의학은 그 원인은 그냥 두고 증상만을 억제한다. 그렇기 때문에 아토피는 끝없이 재발하는 것이었다.

　우리는 몸에 나타나는 증상과 질병을 쉽게 혼동한다. 서양 의학은 평상시와 다르게 몸에 나타나는 증상을 질병이라고 생각한다. 그래서 그 증상을 제거하려고 애쓴다. 하지만 증상은 질병이 아니다. 증상은 질병에 의해서 겉으로 표현되는 모습일 뿐이다. 몸에 들어온 질병의 존재는 질병을 제거할 수 있는 신체의 방어 체계를 자극한다. 이러한 방어 행동이 질병의 증상으로 나타난다. 질병의 증상은 질병을 제거하려는 신체의 자구 노력을 반영하는 것이다. 증상은 질병의 일부가 아니라 치유 과정의 일부인 것이다.

　예를 들어 감기를 생각해보자. 우리나라에서는 감기 증상이 있어 병원에 가면 대부분의 병원에서 약을 처방한다. 약은 항히스타민제, 진해거담제, 해열제, 진통제, 항생제 등으로 이루어지며 보통 3~4가지의 약을 처방하고 심한 경우 10가지가 넘기도 한다. 기침이 나면 기침이 나지 않게 하는 약을 처방하고, 콧물이 나면 콧물이 나지 않게 하는 약을 처방한다. 또 몸에서 열이 나면 해열제를 처방한다. 이것은 기침이나 콧물 그리고 열을 질병으로 보고 그 자체를 없애려고 하는 것이다. 그러나 이러한 증상이 없어졌다고 감기가 나았다고 볼 수 있을까?

감기는 바이러스의 감염에 의해서 발생한다. 여기에서 질병은 감기 바이러스 감염이다. 콧물이나 기침은 몸에 유해한 바이러스를 배출하기 위한 과정이고, 열은 몸이 바이러스를 퇴치하기 유리한 환경을 만들기 위한 것이다. 나타나는 모든 증상은 질병의 원인인 감기 바이러스를 몸에서 제거하기 위한 과정들이다. 그런데 서양 의학은 그러한 긍정적인 반응인 증상들을 약으로 억누른다. 그렇게 하여 질병은 치유되지 못하고 약으로 억압되며, 이로 인해 면역력은 저하된다.

그러한 문제점들 때문에 영국, 미국, 독일, 프랑스 등에서는 감기 환자의 경우 대부분 약을 처방하지 않는다. 단지 열이 너무 높거나 통증이 심한 경우에 한해서 해열제나 진통제를 처방하고, 집에서 잠을 많이 자고 편히 쉬라고 한다.[3] 학생이 감기에 걸리면 학교에 오지 말고 감기를 이겨낼 수 있도록 집에서 영양가 높은 음식을 먹고 푹 쉬라고 한다. 그 나라 국민들은 그러한 환경에 오랫동안 익숙해져서 감기에 걸리면 약을 먹지 않고 그냥 집에서 편히 쉰다. 그러면 감기는 며칠 지나지 않아서 스스로 낫는다. 우리나라에서도 옛날 어르신들은 감기가 걸렸을 때 뜨끈한 콩나물국에 고춧가루를 넣어 식사를 한 뒤 아랫목에서 한숨 자면서 땀을 빼고나면 몸이 한결 가벼워진다고들 하셨다. 단순히 증상을 잠재우는 치료가 아닌 근본적인 원인을 없애는 지혜이다.

동종 요법에서는 감기의 경우 레메디(remedy)라고 하는 약물을 처방한다. 이 약물은 콧물, 기침, 열 등 건강한 사람이 감기에 걸렸을 때 나타나는 것과 유사한 증상을 일으켜 몸이 질병을 몸 밖으로 배출할 수 있도록 돕는다. 그러면 감기 증상을 빨리 극복하게 된다는 원리다.

우리는 질병이나 건강한 상태에 대해 다시 생각해봐야 한다. 우리는 질병이라는 것을 건강이 파괴된 어떠한 상태라고 생각한다. 하지만 건강한 상태란 일정하게 고정되어 있는 상태가 아니다. 또 질병도 건강과는 확연히 구분되는 상태가 아니다. 생명은 일정한 상태에 고정되어 있지 않고 끊임없이 변하는 상태에 있다. 건강하다는 것은 끝없이 변화되는 상태 속에서 평형을 유지하고 있는 상태이지 아무런 문제가 없다는 뜻이 아니다. 예를 들자면 굴러가는 자전거는 똑바로 가만히 서 있는 상태가 아니다. 처음 자전거를 배우는 사람은 균형을 잘 잡지 못해 좌우로 흔들리고 넘어지기도 한다. 하지만 어느 정도 자전거 타기에 익숙해지면 균형을 유지하며 넘어지지 않게 된다. 가만히 있는 것 같지만 끊임없이 균형을 유지하고 있는 상태인 것이다.

이렇게 움직임 속에서 일정한 평형을 유지하고 있는 것을 동적 평형(動的平衡)이라고 한다. 생명도 이와 같다. 생명은 고정된 상태로 있는 것이 아니라 동적 평형 상태에 있는 흐름이다.[4] 우리가 건강하다고 생각하는 상태뿐만 아니라, 우리가 질병이라고 생각하는 상태까지도 생명 현상의 정상적인 범위에 속한다. 생명 현상은 그 범위에서 왔다 갔다 하면서 평형을 유지하려고 한다. 그러기에 일정한 범위 안에 있는 상태뿐만 아니라, 그 범위에서 약간 벗어나 있는 상태와 그 상태에서 다시 일정한 범위로 평형을 유지하려는 현상까지도 생명 현상으로 바라보아야 한다.

다시 이야기하면 생명에서 일어나는 현상은 일상적인 상태가 아니더라도 그것을 잘못된 것, 있어서는 안 되는 상태로 볼 것이 아니라 하나의 과정으로 보아야 한다. 감기에 걸려 기침이 나고 콧물이 나고 열이 난다면, 그것을 있어서는 안 되는 증상으로 볼 것이 아니라 몸이 일정 범위로 돌아오려는 과정으로 이해해야 한다. 그러므로 일정 상태로 돌아가려는 과정을 억제해서는 안 된다. 서양 의학은 몸에서 일어나는 기침이나 열과 같은 증상을 문제라고 보지만, 동종 요법은 몸이 일정한 상태로 회복하기 위한 하나의 과정으로 파악한다.

아토피 또한 이러한 시각에서 이해한다. 아토피는 단지 피부 자체만의 문제가 아니다. 신체는 생명에 반드시 필요하지 않거나 또는 생명에 위협을 미칠지도 모르는 것들은 중요 신체 부위가 영향을 받지 않도록 어느 정도 손상을 받아도 무관한 기관에 가두려고 시도한다. 주요 장기에서 가장 멀리 떨어져 있는 피부와 귀는 이러한 조건을 충족하는 장기이다.[5] 그래서 생명은 몸 안으로 생명을 위협할 만한 좋지 않은 것이 들어오는 경우, 이러한 물질들이 신체의 주요한 장기를 손상시키지 않도록 장기에서 가장 멀리 떨어진 귀나 발 그리고 피부에 모아둔다. 이렇게 귀나 피부에 좋지 않은 물질들을 모아 그곳에서 제거하기 위한 반응이 진행되기 때문에 아토피 초기 증상이 귀와 피부에 가려움증이 생기고 염증 반응이 생기는 것이다. 또 몸으로 이러한 염증 반응을 유발하는 해로운 물질이 끊임없이 들어옴으로 인해 이러한 반응 또한 지속되면서 아토피 증상이 심화된다. 이렇게 신체의 증상을 부분적으로 이해하지 않고 전체와의 관계 속에서 이해하려는 시각을 홀리스틱적 시각이라고 한다.

Tip 동종 요법과 이종 요법

　동종 요법(homeopathy, 同種療法)은 '유사한', '비슷한'을 뜻하는 고대 그리스어 homoios와 '고통'을 뜻하는 pathos의 합성어이다. 동종 요법의 처방 원리인 '유사성의 법칙'은 사무엘 하네만(Samuel Hahnemann)에 의해 1810년에 발견되었다. 하네만은 건강한 사람에게 어떤 약물을 처방해 병과 유사한 증상이 나타났다면, 그 약물은 같은 증상을 나타내는 질병을 치료할 수 있다고 생각했다. 이에 비해 기존의 서양 의학은 증상과 다른 방식으로 치료한다고 하여 이종 요법(異種療法)이라고 할 수 있다. 또는 증상에 따라 그 증상을 억제하는 방식으로 치료를 한다고 하여 대증 요법(對症療法)이라고 한다.

　하네만은 열병과 말라리아에 효과가 있는 것으로 잘 알려진 키니네를 함유한 기나나무 껍질을 복용해보았다. 건강한 상태에서 이 약을 복용한 하네만은 말라리아 환자에게서 보이는 것과 같은 증상과 체열을 보였다. 그는 다른 질병에 사용하는 여러 약들을 사용해 이와 같은 실험을 반복해 역시 비슷한 결과를 얻었다. 이러한 실험 결과를 바탕으로 하네만은 "건강한 사람에게 어떤 특정한 증상을 유발하는 약물은, 그런 증상을 나타내는 질병에 걸린 환자를 치유할 수 있는 힘을 가지고 있다."는 사실을 발견했다.[6] 이렇게 해서 그는 동종 요법이라는 새로운 의학 원리를 정립하게 되었으며, 이 원리를 유사성의 법칙이라 불렀다. 다시 말해 같은 것이 같은 것을 치료한다는 것이다. 우리 속담으로 하면 이열치열(以熱治熱)이다.

　우리는 몸에서 나타나는 평상시와는 다른 이상 증상을 질병이라고 생각한다. 하지만 하네만은 우리가 인식하게 되는 질병의 증상

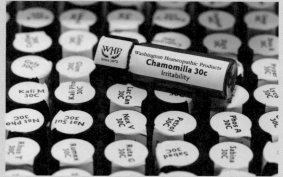

동종 요법 약물.

이라는 것을 신체가 어떤 질병에 대해 극복해내기 위한 반응이자 치유 과정이라고 생각했다. 동종 요법의 시각에서 봤을 때 가려움증이나 발적과 같은 아토피의 여러 증상 또한 스스로 질병을 이겨내기 위한 과정이다.

오늘날 서양 의학은 몸에서 나타나는 모든 증상을 개별적인 것으로 이해한다. 피부에 염증이 일어나면 그것은 피부만의 문제라고 생각한다. 또 피부의 문제도 그 원인을 단백질이나 유전자, 세균, 진드기와 같이 어떤 요인으로 환원시킨다. 이것을 환원주의라고 하는데, 다양한 요인들이 복합적으로 작용해 발생하는 현상을 하나의 요인으로 단순화시켜서 설명하려는 것을 말한다. 이러한 환원주의는 복잡한 생명 현상을 그대로 이해하기에는 고려해야 할 것이 너무나 많고 어렵기 때문에 단순화시켜서 받아들이면서 생긴 것이다.

사실 서양 의학이 처음부터 지금과 같은 방식으로 질병을 각 생명체 전체와 분리해 생각하지는 않았다. 서양 의학의 토대는 기원전 500년에서 기원후 500년까지 히포크라테스(Hippocrates) 의학, 그리고 기원후 500년에서 르네상스 시기까지 약 1,000년간은 갈레누스(Galenus) 의학이었다. 이들 의학은 자연과의 조화와 융합, 체질론에 기초해 생명체 전체를 생각하는 의학이었다.

하지만 르네상스 이후인 16세기에 베살리우스(Vesalius)가 "인체의 구조에 대하여"라는 연구를 통해서 해부학을, 17세기에 윌리엄 하비(William Harvey)가 "혈액 순환에 대하여"라는 연구를 통해서 생리학을, 18세기에 모르가니(Morgagni)가 "질병의 장소와 원인에 대하여"라는 연구를 통해서 해부병리학의 기초를 세우면서 질병을 바라보는 시각이 변화되었다. 이 무렵부터 질병을 체질의 문제나 자연과의 부조화로 본 히포크라테스나 갈레누스와는 달리 몸에서 발생하는 염증이나 종양을 그 부분만의 문제로 환원해 보기 시작했다. 의학자들의 시야가 자연과 인간 전체를 보는 데서 몸의 한 장기로

국소화(局所化)된 것이다.[7]

　　이러한 흐름 속에서 서양 의학은 몸에서 발생한 어떤 문제에 대해 전체적인 관계 속에서 왜 그러한 문제가 발생했는지 파악하기보다는 세균이나 단백질 그리고 유전자와 같이 어떤 요인으로 한정시키고 환원시키게 되었다. 이렇게 문제를 어떤 요인으로 환원시키고 한정시킴으로 인해서, 그것을 해결하는 방식도 전체적 관계 속에서 생각하기보다는 그런 요인들을 제거하는 쪽으로 맞추어졌다.

증상 억제는 치료가 아니라 면역력 파괴다

서양 의학은 아토피를 "정상적으로 받아들여야 하는 것들에 대해 신체가 비정상적으로 과민하게 반응하는 것"으로 정의한다. 몸에서 일어나는 증상을 외부에서 유입된 알레르겐에 대한 '신체의 과민한 반응'이라고 해석하고 있다. 그래서 아토피 치료는 과민한 반응을 억제하는 것에 주력한다.

아토피와 관련된 많은 고가의 신약이 나오고 있다. 그 신약들을 보면 대개가 스테로이드 약물이거나 또 다른 방식으로 알레르겐에 대해 작용하는 면역 세포의 반응을 차단하는 약들이다. 심지어는 사람의 장기를 이식한 후에 거부 반응을 억제하기 위해 사용하는 면역 억제제를 아토피 약이라며 아토피 증상을 억제하는 데 사용하기도 한다. 이것은 아토피 증상을 몸에서 일어나서는 안 되는 반응으로 판단하고, 수단과 방법을 가리지 않고 어떻게든 억제하려는 것이다. 그런데 새로운 신약을 사용해도 아토피가 근원적으로 치유되지 않고 권위 있는 수의학 박사가 이야기한 것처럼 지속적으로 관리를 해줘야 하는 이유는, 몸의 면역 체계가 해로운 물질이라고 인식하고 있는 알레르겐에 대해서 계속 면역 반응을 보이기 때문이다.

몸에서 일어나는 많은 반응들은 대부분 나름의 이유가 있다. 그 이유를 우리가 당장 이해하지 못하고 불편할 수는 있겠지만, 35억 년 동안 진화해온 생명은 나름의 이유가 있기 때문에 그러한 반응을 하도록 진화한 것이다. 그러한 반응들은 궁극적으로는 생명에 유익하기 때문에 일어난다. 그것이 생명력이고 면역력이다. '불편한 진실'이라는 표현이 있듯이 진실은 때로 우리를 불편하게 만든다. 아토피처럼 몸에서 일어나는 생명의 반응도 우리를 불편하게 하지만 그것은 장기적으로 봤을 때 몸에 유익하다. 그런데 많은 치료들은 그런 유익한 반응들을 불편하다고 차단한다.

비유를 들자면 몸이라는 나라가 있다. 이 나라는 면역군이라는 군대가 지키고 있다. 이 나라에 알레르겐이라는 적군이 쳐들어왔다. 면역군은 이 적군의 침입을 조기에 발견하고 온몸으로 맞서 싸운다. 쳐들어온 적군 알레르겐이 그다지 많지 않거나 면역군이 강하다면 면역군은 조용히 응징한다. 하지만 쳐들어온 적군의 수효가 그 주변의 면역군으로 감당하기에 많으면 면역군은 적군과 싸우다 장렬히 전사한다. 그와 동시에 면역군은 '여기 적군이 쳐들어왔다'며 경계경보를 울려 아군의 지원을 요청한다. 그것이 염증 반응이고 가려움증이다. 이렇게 면역군은 알레르겐이라는 적군과 싸우다 전사하면서 적의 침입을 온몸에 알린다.

면역군의 경계령에 따라 몸에서는 더 많은 면역군을 전장에 투입해 적군을 막게 한다. 아토피 때 생기는 주된 증상인 가려움증과 발적은 이러한 과정들로 생기는 것들이다. 몸 안의 면역 세포를 불러 모으기 위해서 가려움증이 생기는 것이고, 면역 세포들이 빨리 모일 수 있도록 혈관이 확장되면서 발적이 생긴다. 또 시간이 지나면서 피부가 손상되고 면역이 저하되어 외부로부터 병원균의 침입에 취약해지는데, 그것을 막기 위해 피부가 두꺼워지는 태선화, 피부가 검게 변하는 멜라닌 색소 과다 침착, 과다한 지루의 분비 등이 일어난다. 이런 모든 증상은 외부로부터 몸을 보호하기 위한 과정들이다. 근원적인 문제가 해결되지 않고 계속 문제가 발생하므로 몸을 보호하기 위해 피부층이 두꺼워지고 색소가 침착되는 것이다. 이 모든 것이 정상적인 몸의 면역 반응이다.

그런데 현재 시행되는 아토피의 치료는 면역 세포가 파괴되면서 생기는 가려움증이 불편하기 때문에 면역 세포가 알레르겐과 싸우지 못하게 한다. 면역 세포의 알레르겐에 대한 반응을 당연하고 긍정적인 반응이라고 생각하기보다는 과도하고 불필요한 반응이라고 생각하기 때문이다. 그래서 면역 세포의 작용을 차단하는 것이다.

이것을 다른 예로 들자면 어떤 건물이 있고, 이 건물에는 화재를 방지하기 위한 경보 시스템이 있다. 그런데 이 건물에 동네 불량배들이 수시로 들어와서는 불장난과 방화를 일삼는다. 그래서 수시로 화재 경보 시스템이 요란하게 울린다. 이렇게 외부 항원에 대해 몸의 면역 시스템이 경보를 울리는 것을 화재경보기 원리(smoke-detector principle)라고 한다.[8] 이러한 상황에서 지금 시행되는 아토피 치료는 화재 경보 시스템이 시끄럽다며 여러 가지 방법으로 경보 시스템을 차단하는 것과 같다.

면역 세포가 알레르겐에 반응하는 것을 아토피 약으로 일시적으로 차단할 수는 있다. 하지만 알레르겐들은 계속 유입되기 때문에 아토피 증상은 반복된다. 처방되는 대부분의 약은 영구적으로 작용하는 것이 아니기 때문에, 복용했을 때만 작용하고 시간이 지나면 약효가 소실된다. 그러면 또 가렵고 발적이 돋는다. 그래서 아토피 치료는 치료받을 때만 효과가 있고 치료를 하지 않으면 반복되는 것이다.

그런데 이러한 방식의 더 큰 문제는 따로 있다. 몸은 무엇이 몸에 유익한지 또는 유익하지 않은지 스스로 안다. 생명은 35억 년의 역사를 통해 저마다의 환경에서 생명을 유지하는 방법을 익혀왔다. 그 오랜 역사를 통해서 자신에게 유익한 것과 유익하지 않은 것 그리고 조심할 것을 익혀왔다. 그래서 몸에 유익하지 않은 것을 인식하고 그것을 제거하기 위해서 애쓴다. 적군이 들어왔으니 적군이 몸에 해를 끼치기 전에 물리치려고 한다. 그런데 아토피 약으로 사용되는 스테로이드제나 사이클로스포린B와 같은 면역 억제제는 면역군이 적군과 싸움을 하지 못하게 만든다. 적군이 들어와서 면역군이 출동을 했는데 적군을 눈앞에 두고도 적군인지 인식하지 못하게 만든다. 그래서 당장은 적군과의 싸움이 일어나지 않으니 가려움증이나 발적이 일어나지 않는다. 하지만 몸에 들어온 적군은 파괴되지 않고 남아 있게 된다. 파괴되지 않은 알레르겐은 무엇인가 몸에 유해한 반응을 일으킨다. 그것이 무엇인지 오늘날의 의학은 완벽하게 알지 못한다. 오늘날 우리의 의학이 알고 있는 것은 제한적인 지식일 뿐이다.

알레르겐이 어떻게 몸에 유해한지는 오로지 35억 년 진화의 역사를 거쳐온 생명만이 알고 있다. 그 파괴되지 않은 알레르겐들은 몸의 어딘가에 모여 있다가 나중에 어떠한 식으로든 몸에 안 좋은 결과를 가져올 거라고 추측할 뿐이다.

최근에 알레르기에 대한 연구가 진행되면서 알레르기가 암으로부터 우리를 보호해줄지도 모른다는 여러 연구 결과들이 나오고 있다. 최근 연구에 따르면 22개의 역학 연구 중 16개가 알레르기를 가진 사람은 암에 잘 안 걸리며, 특히 알레르기 반응을 나타내는 조직들이 암에 더 강하다는 사실을 밝혀냈다.[9] 이는 곧 몸의 면역 세포가 알레르기 반응을 통해 알레르겐을 제거함으로써 암을 예방한다고 해석할 수도 있다. 그런데 알레르기 반응을 약물로 억제한다면 면역 세포가 제 역할을 해낼 수 없을 것이다. 이런 연구에도 불구하고 당장 몸에 불편하다고 스테로이드제나 면역 억제제로 면역 반응을 억압시키는 것은 심각한 문제이다.

모든 생명은 다르고, 다른 반응을 한다

지구상에 수십억의 인구가 있지만 똑같이 생긴 사람은 없다. 사람들은 외양뿐만 아니라 성격도 모두 다르고 몸의 반응 또한 다르다. 같은 환경에 있어도 어떤 사람은 소음에 민감하고 어떤 사람은 냄새에 민감하다. 요즘 매운 음식이 유행이다. 사람들 중에는 매운 떡볶이, 불닭갈비와 같이 더 매운 음식을 찾아다니기도 한다. 그런데 어떤 사람은 매운 음식을 조금만 먹어도 정신을 차리지 못한다. 또 어떤 사람은 소주를 병째 들이켜도 괜찮고, 그에 비해 어떤 사람은 알코올이 조금만 들어가도 온몸이 빨갛게 된다.

이 사람들 중에 어떤 사람이 잘못된 것일까? 이렇게 서로 다른 반응에 대해 우리는 어떻게 대하는가? 우리는 그런 반응들에 대해 '나와 다른 반응을 보이는구나'라고 생각한다. 맛이나 소음 또는 냄새에 민감하다고 해서 그 사람의 미각이나 청각 또는 후각을 둔감하게 만들려고 하지는 않는다. 땅콩이나 게, 복숭아 등에 알레르기 반응을 보이는 사람이 있으면 그런 음식물을 피하려고 하지 그런 반응이 잘못된 것이라며 약물로 적응시키려고 하지 않는다. 사람들의 그러한 반응은 나와 '다른' 반응이지 '틀린' 반응이 아니기 때문이다. 틀린 반응이 아니기에 교정하려고 노력할 필요도 없다.

아토피 또한 마찬가지이다. 아토피는 몸에 유익하지 않은 알레르겐에 대한 면역 반응이다. 그 반응의 정도는 사람이나 개에 따라서 다르게 나타난다. 누구는 둔감하게 반응하지만 누구는 예민하게 반응한다. 하지만 예민하게 반응하는 것이 잘못된 반응은 아니다. 그 개체에게는 몸에 들어온 적은 양의 알레르겐도 해롭다고 판단하기 때문에 예민한 반응을 보이는 것뿐이다. 그 판단은 주변의 눈치를 봐가며 하는 것이 아니라, 그 개체가 자기에 맞게 판단하는 것이다.

그렇다면 반려인이 해주어야 하는 것은 무엇일까? 그것은 그 개가 해롭다고 느끼는 그 알레르겐에 노출되지 않도록 해주는 것이지, 그것을 느끼지 못하도록 감작 요법 등을 통해 무감각하게 만드는 것이 아니다. 동물병원과 사람병원에서 아토피 최신 치료법으로 실시하고 있는 것 중 하나가 감작 요법이다. 이것은 사람이나 개가 어떤 알레르겐에 예민한 반응을 보이는지 알레르기 테스트를 해, 그 항원을 조금씩 주입함으로써 그 항원에 무감각하게 만드는 것이다. 알레르기 테스트는 어떤 요인에 예민한 반응을 보이는지 찾아내어 그 원인을 회피하도록 하는 목적이라면 유용할 수 있다. 하지만 찾아낸 알레르겐에 무감각하게 하기 위한 용도라면 다시 한 번 생각해봐야 한다.

아토피는 몸에 유익하지 않은 알레르겐이 들어온 것에 대한 거부 반응이다. 그렇다면 아토피의 치료는 몸에 유익하지 않은 알레르겐이 유입되는 것을 차단하는 것에 맞추어져야 한다. 그러나 지금 서양 의학은 알레르겐에 포커스를 맞추기보다는 몸의 반응에 포커스를 맞추고 있다. 그리하여 알레르겐을 명확하게 규명하고 그것이 몸에 들어오지 못하게 하기보다는, 몸에서 일어나는 반응을 억제하는 것에 초점을 맞추고 있다. 몸으로는 해로운 알레르겐이 계속 들어오는데 그로 인한 증상만을 억제하고 있기 때문에 아토피는 치유되지 않고 반복된다.

그럼 아토피를 치유하기 위해서는 어떻게 해야 하는가? 그것은 말할 것도 없이 아토피의 원인이 무엇인지 찾아내어 그것이 몸에 들어오지 못하게 하는 것이다. 그렇게만 해주어도 몸은 스스로 치유된다. 35억 년 생명의 역사를 거쳐 진화해온 생명은 스스로 건강을 유지하는 자연치유력을 가지고 있기 때문이다. 또 같은 알레르겐이라고 하더라도 과도하게 반응하는 측면이 있다면, 그렇게 된 이유가 무엇인지를 찾아서 개선해주면 가려움증과 증상은 차츰차츰 개선된다. 끝없이 반복되는 고생스러운 아토피로부터 벗어나기 위해서는, 쉽지 않지만 아토피의 원인이 무엇이고 면역력을 저하시키는 이유가 무엇인지를 찾아보아야 한다.

3부
원인을 아는 것이 올바른 치유의 길이다

미생물이 아토피의 원인인가

아토피 증상이 있을 때 동물병원에 데려가면 현미경 검사를 한다. 검사 결과 세균이나 말라세지아라는 균이 과다하게 검출되면, 그러한 미생물이 아토피의 원인이라고 이야기한다. 그리고 그 균들에 대한 치료를 시작한다. 정말로 미생물이 아토피의 원인일까?

예전에 아토피를 공부하기 위해 여러 세미나를 들었다. 한 세미나에서 아토피로 개가 동물병원에 오면 현미경으로 피부를 검사해보고 세균이나 말라세지아가 과다하게 검출되면 그 병원균들 때문에 아토피가 생기는 것이므로 약을 처방하면 된다고 했다. 정말 그렇게 하면 되는 줄 알고 한때 아토피 증상이 있는 개가 오면 열심히 현미경 검사를 하고 약을 처방했다. 물론 약을 처방받은 개들은 약을 먹는 동안 상태가 좋아졌다. 그런데 문제는 시간이 지나면 다시 똑같이 재발되는 것이었다.

이런 문제에 대해 반려인이 약을 제때 먹이지 못했다거나 혹은 장기간 약을 투약해야 하는데 병원균이 뿌리 뽑히기 전에 약을 끊었기 때문이라는 조언을 들었다. 이런 문제는 나만의 문제가 아니었는지, 세계적으로 유명한 다국적 제약 회사에서는 효과가 보름간이나 지속되는 항생제도 개발했다. 그럼 그런 약으로 치료를 했을 때 상태가 좋아졌을까? 아쉽게도 상태는 마찬가지였다. 약을 먹거나 주사 효과가 유지되는 동안에는 호전되었다가 약을 끊으면 다시 재발했다. 무엇이 문제인 것일까?

아토피의 원인을 생각할 때 가장 먼저 고려해야 하는 것은 아토피가 언제부터 심해졌는가 하는 것이다. 사람의 경우 아토피는 연령에 따라 위장관 알레르기, 아토피 피부염, 알레르기 비염, 천식 등으로 진행되는데, 이를 알레르기 행진(Allergy March) 또는 아토피 행진(Atopy March)이라고 한다. 이들 질병의 발생은 다음 두 개의 도표에서 볼 수 있는 것처럼 세계적으로는 1960년대 이후에,[10] 그리고 국내에서는 1990년대 이후에 심해졌다.

여기에 아토피에 관한 매우 중요한(!) 열쇠가 숨겨져 있다. 우리나라에서 아토피는 1990년대를 즈음해 바뀐 어떤 원인들로 인해 심해진 것이다. 이것을 염두에 두고 아토피의 원인을 생각해보자.

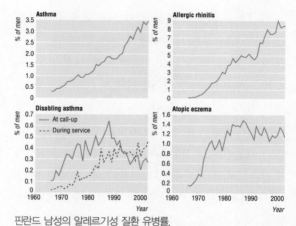

핀란드 남성의 알레르기성 질환 유병률.
그림 출처: Trends in prevalence of asthma and allergy in Finnish young men: nationwide study, 1966~2003.

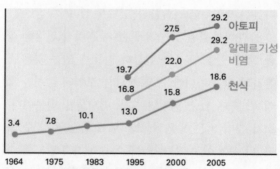

국내 아토피, 알레르기성 비염, 천식 유병률.
자료: 대한소아과 알레르기호흡기학회, 환경부.

사람들은 세균을 다른 생명들과 별개의 생명으로, 심하게는 다른 생명체에 질병을 일으키는 병원균 정도로 취급을 한다. 로베르트 코흐(Robert Koch, 1843~1910)가 탄저병의 원인으로 세균을 발견한 이래로 그래왔다. 이는 모든 생물의 이익에 기여하는 세균들의 엄청난 중요성을 이해하지 못하고 있기 때문이다.[11] 지구에서 세균은 다른 생명체에게 병원균으로 취급되며 무시당할 그런 존재가 아니다. 35억 년 전에 지구 태초의 생명으로 나타난 세균은 지구 환경을 끊임없이 변화시키며 오늘날 우리가 살 수 있는 환경으로 바꾸었다. 또 다른 생명체들과 다양한 방식으로 공진화하면서 지금과 같이 다양한 생명체로 진화할 수 있도록 했다.[12]

들판에서 풀을 뜯는 소들은 저 혼자서 건강한 삶을 살 수 있을까? 소가 건강하게 살 수 있는 것은 소혼자의 힘이 아니라, 우리 눈에는 보이지 않지만 소의 위 속에 있는 엄청난 수의 미생물들 덕분이다. 소가 뜯어 먹은 풀은 소 스스로 소화를 시킬 수 없고, 위 속에 살고 있는 세균들이 분해하고 발효를 시켜야 소화시킬 수 있다. 이와 같은 세균과 생명의 공생은 단지 소에게만 한정된 것은 아니다. 2012년 미국 국립보건원(NIH)은 전 세계 80여 개 연구소에서 200여 명의 연구진이 참여한 '인체 미생물 군집 프로젝트(HMP)' 1차 작업 결과를 발표했다. 그 발표에 따르면 사람의 몸에는 1만 종이 넘는 미생물이 살고 있다. 마릿수로 따지면 1조 마리 이상이고, 무게로 따지면 약 2kg이다. 우리의 몸은 단지 '나'로 되어 있는 것이 아니라, 수많은 미생물들과 함께하는 생명 공동체인 것이다. 이렇게 정상적인 상태에서 분포하고 있는 세균의 집단을 정상균총(normal flora)이라고 한다. 이 정상균총은 숙주의 건강에 필수적이며 영양, 발달, 신진대사, 병원균 내성 및 면역 반응의 조절에 매우 중요한 역할을 한다.[13]

이런 정상균총은 모든 생물에게 있으며 개도 마찬가지이다. 개에게도 장내에는 말할 것도 없고 피부에도 정상균총인 많은 균들이 있다. 이러한 균들은 개와 공생하면서 다른 병원균의 증식을 억압하는 등 건강한 상태를 유지시킨다. 따라서 개체와 더 많은 균들이 협력하는 상태가 되면 더 강한 면역력을 갖게 된다. 이것을 위생 가설(hygiene hypothesis)이라고 한다. 이렇게 많은 정상균총이 형성되어 있을 때 건강한 상태가 유지되는 반면, 장 및 피부의 미생물균 구성이 감소되면 천식, 알레르기 및 염증성 장질환(IBD), 제1형 당뇨병 및 비만을 포함한 다양한 염증 상태가 증가됨을[14] 개인의 건강과 질병에 대한 많은 메타게놈 연구에서 보여주고 있다.

세균이나 말라세지아는 생명이 진화해온 환경의 일부분으로 아주 오래 전부터 피부에 정상적으로 있었다. 즉, 세균이나 말라세지아가 피부에 살게 된 것은 1990년대 이후의 일이 아니라 아주 오래 전부터 이루어진 일이기에 이것들이 아토피의 원인은 아니다. 다만 문제가 되는 것은 이들 세균이나 말라세지아가 생물의 건강을 해치지 않는 범위에서 동적 평형을 유지하고 있는 평상시가 아니라, 어떤 원인으로 인해 이러한 동적 평형 상태가 깨지고 과다하게 증식된 경우이다.

그런데 이것을 두고 세균이나 말라세지아가 아토피의 원인이라는 결론을 내리고 항생제나 항곰팡이제를 처방하곤 한다. 동적 평형 관계를 유지하고 있던 것이 왜 깨졌을까를 고민하는 것이 아니라 세균이나 말라세지아로 문제를 환원시키는 것이다. 파스퇴르는 "질환은 세균에 의한 것이 아니라, 단지 생체 환경의 문제에 의한 것일 뿐이다."[15]라고 말한 바 있다. 과다하게 증식된 세균이나 말라세지아는 약을 사용해 적절한 수준으로 조절하는 것도 필요하겠지만, 그것보다 먼저 이들 균이 과다하게 증식되도록 만든 원인을 찾아서 제거해야 함을 상기시키는 말이다.

근본적인 문제는 그대로 방치한 채 항생제나 항

곰팡이제만을 처방하기 때문에, 일시적으로 아토피의 염증 증상이 완화되는 것 같지만 시간이 지나면 또다시 재발되는 것이다. 이렇게 피부 염증이 재발되면 항생제를 반복적으로 투여하고, 때로는 작용기간이 보름이나 되는 항생제를 사용하기도 한다. 항생제를 반복적으로 또는 장기간 투여하는 것은 또 다른 문제를 야기한다. 그것은 체내의 정상균총을 붕괴시키는 것이다. 항생제가 장내 정상균총에 미친 영향은 대개 투여 중단 4주 만에 회복되지만, 어떤 경우에는 1주일간의 항생제 처방이 3년 동안 영향을 끼친다는 연구도 있다.[16] 또 유아기에 사용된 항생제로 청소년기까지 천식이 증가한다는 연구도 있다.[17] 결국 항생제의 반복적인 투여는 아토피 상태를 악화시킨다. 따라서 피부에 염증이 생겼다고 손쉽게 항생제를 선택하기보다는, 진짜 원인을 찾아서 해결해주려고 하는 것이 장기적으로 개에게 유익하다.

진드기가 아토피의 원인인가

　동물병원에서 아토피의 원인 중 하나로 이야기하는 것이 먼지진드기이다. 그래서 동물병원에서는 진드기를 죽이는 약을 한 달에 한 번씩 발라주라는 처방을 한다. 이렇게 진드기가 아토피의 원인으로 지목된 것은 보호스트(R. Voorhorst) 등의 연구에 의해서다. 이들은 1967년 집먼지진드기가 집먼지 알레르겐의 중요 공급원이라는 연구 결과를 발표했다. 2010년에 실시한 연구 결과도 진드기를 아토피의 원인으로 지목하는 바탕이 되고 있다. 초등학생의 경우 32.4%가 큰다리먼지진드기에 알레르기 반응을 보였고, 중학생의 경우 42.7%가 세로무늬먼지진드기에 알레르기 반응을 보였다는 것이다.

　그런데 진드기에 대한 평가도 앞에서와 같은 의문에서 접근해야 한다. 진드기가 1990년대 이후에 우리 인간이나 동물의 생활 속으로 들어온 것인가? 만약 진드기가 1990년대 이후에 우리 생활 속으로 들어와 그 이후로 전 세계적으로 아토피가 심해졌다면 진드기가 아토피의 원인이다. 문제는 그렇지 않다는 데 있다.

이 또한 우리가 생명의 이해를 단편적으로 하고 있기 때문에 발생하는 것이다. 우리의 피부를 전자현미경으로 살펴보면 여기저기에 진드기들이 기어다닌다. 여덟 개의 다리를 가진 흉측하게 생긴 진드기가 기어 다니는 것은 상상만 해도 끔찍한 광경이다. 하지만 진드기는 온 세상에 널리 퍼져 있고, 오래전부터 모든 동물의 피부에 서식하는 절지동물이다.

우리가 보기에 징그럽게 생긴 진드기는 생태계에서 매우 중요한 존재이다. 생명과 생태계에서 중요한 것은 세대가 끝없이 이어져야 하는 것이다. 이와 같이 세대가 끝없이 이어지기 위한 핵심에는 끊임없는 순환이 있다. 지구 생명체는 지구 밖의 태양에서 에너지를 얻는다. 하지만 물질은 지구 내부의 한정된 것을 이용한다. 한정된 자원을 이용해야 하기에 모든 자원은 끝없이 재활용되어야만 다음 세대가 존재할 수 있다. 그렇게 생명권이 자원을 재활용할 수 있도록 하는 데 중요한 역할을 하는 것이 세균과 곰팡이, 곤충, 진드기와 같은 분해자들이다. 이 분해자들은 생물이 만들어놓은 모든 것을 분해해 또 다른 생물이 이용할 수 있도록 해놓는다. 이 생명체들이 없다면 다음 세대가 이용할 수 있는 자원이 없기 때문에 다음 세대의 생명은 존재할 수 없다. 진드기를 비롯한 자연계의 분해자는 생물권에서 중요한 존재이고, 지구 어느 곳에나 존재하는 환경의 일부인 것이다.

진드기는 모든 생물체의 피부에 기생하면서 생물체에서 떨어져 나온 각질을 비롯한 분비물들을 분해하며 생존한다. 동물의 입장에서는 각질과 같은 노폐물을 제거해주는 청소부다. 동물은 피부에 진드기가 상존하고 있어도 아무런 문제 없이 지낼 수 있다. 진드기는 지구의 환경 어느 곳에나 존재하고, 동물은 그런 환경에 적응해 진화해왔기 때문이다. 생명은 존재할 수 없는 최악의 상태가 아니라면, 환경이 어떠한 상태이든 그러한 환경을 수용하고 받아들이며 진화해왔다. 만약 살아가야 할 환경 중의 한 부분인 세균이나 곰팡이, 진드기를 거부하고 끝없이 싸운다면, 생물은 그러한 미생물들과 싸우느라 많은 에너지와 영양분을 소모하고 말 것이다. 생물은 미생물들과 싸우면서 에너지를 고갈시키니 일정 범위에서 공생의 관계를 맺으며 진화해왔다. 그것이 상호 간에 이익이기 때문이다.

피부의 진드기는 피부의 정상균총이 다른 세균의 증식을 억제하며 숙주와 공생을 하듯이, 숙주의 피부 노폐물을 처리해주면서 숙주와 공생을 해왔다. 그렇게 생명체는 수 만 년에 걸쳐서 진드기와 함께 공생하는 방법을 익히며 진화해왔다. 진드기는 이와 같이 수만 년에 걸쳐서 생명체와 공진화해왔기 때문에 아토피의 근본 원인이 될 수 없다. 문제는 수천만 년에 걸쳐서 동물과 진드기가 동적 평형을 이루며 공생해왔던 관계에 어떠한 이유로 균형이 깨진 것이다. 진드기가 문제가 아니라 공생 관계를 깨뜨린 환경의 변화가 문제라고 봐야 한다. 그런데 여기서도 오늘날 서양 의학은 많은 것을 고려해야 하는 환경적 요인은 놔둔 채, 환원주의적 시각으로 진드기를 트러블의 원인으로 지목한다. 그리하여 동물과 진드기 사이에 관계가 깨진 원인을 찾아 개선시키려 하는 대신 진드기만 죽이려고 한다.

간혹 진드기에 의해 아토피 반응을 보이는 경우가 있다면, 그것은 동물과 진드기 사이의 관계에 문제가 생긴 것이다. 그 원인으로 추측해볼 수 있는 것은 두 가지인데 하나는 동물의 면역력에 문제가 생겨 진드기에 대한 반응이 예민해진 것이고, 또 한 가지는 진드기가 과다하게 증식하게 된 경우다. 이러한 원인들을 해결해야만 진드기로 인한 아토피 반응이 해결된다.

동물의 면역력은 먹거리를 비롯해 여러 가지 요

인으로 인해 저하되거나 과민해질 수 있다. 그리고 진드기는 따뜻하고 환기가 잘되지 않으며 습한 장소에서 과다하게 증식한다. 커튼이 길게 드리워 있거나 카펫이 깔린 공간은 집먼지진드기가 번식하기 좋은 장소다.[18] 또 환기를 자주 하지 않고 단열이 잘되는 고층 건물도 집먼지진드기가 번식하기 좋은 환경이다.[19]

이와 함께 진드기를 퇴치하겠다며 시시때때로 몸에 바르는 외부 기생충 제거제도 깊이 고민해봐야 한다. 기생충 제거제는 크게 두 가지 문제를 생각해볼 수 있는데, 하나는 기생충과 숙주에 영향을 끼치는 측면이고 다른 하나는 약물의 안정성 문제이다. 많은 개들이 심장사상충이나 진드기를 제거하기 위해서 매달 외부 기생충 제거제를 바르고 있다. 이들 약은 심장사상충이나 진드기뿐만 아니라 장내의 기생충을 대부분 제거하는 효과를 가지고 있다.

개체와 균들의 협력으로 더 강한 면역력을 갖게 된다는 위생 가설에서는, 장내 기생충 또한 개체의 면역력에 큰 영향을 끼치고 있다고 이야기한다. 기생충은 숙주의 장내에서 생존하기 위해 숙주의 면역력을 조정한다. 위생 가설은 구충제가 이런 기생충을 제거함으로써 장내의 면역력이 과민 반응하게 되었다고 이야기한다(Tip '기생충과 면역력' 참조).

또 다양한 살충제들은 우리가 알고 있는 것처럼 완전히 무해한 것들이 아니다. 제약 회사에서는 다양한 약품들이 동물에게 전혀 문제가 없다고 광고를 하지만, 과연 그 말을 그대로 믿을 수 있는 것인지 의문을 가져야 한다. 우리는 레이철 카슨의 《침묵의 봄》이나 마리 모니크 로뱅의 《몬산토—죽음을 생산하는 기업》 같은 책에서 제약 회사들의 숨은 얼굴을 볼 수 있기 때문이다. 살충제를 만드는 제약 회사들은 살충제가 자연의 생물에게 무해하며 아무런 영향을 끼치지 않는 안전한 제품이라고 홍보를 한다. 하지만 다양한 살충제들은 예상한 것 이상으로 자연의 생명들에게 악영향을 끼쳤다. 살충제로 죽은 곤충을 잡아먹은 새들은 살충제가 누적되어 부화되지 못하는 알을 낳게 되어 숲은 침묵의 봄을 맞이했다. 제약 회사는 제품을 개발하는 과정에서부터 살충제의 독성을 알고 있었지만 은폐하기도 했다. 우리는 일부분의 것을 가지고 전체가 그렇다고 일반화하는 우를 범해서는 안 된다. 하지만 제약 회사들이 자사의 제품이 안전하다고 홍보하는 말을 곧이곧대로 믿는 것도 경계해야 한다. 진드기라는 '생명'을 죽이는 화학 물질이 우리 몸에 유익할 리가 없다. 따라서 반려견이 아토피로 고생을 하고 있다면 더욱 이러한 약물 사용에 세심한 주의가 필요하다.

Tip 기생충과 면역력

기생충은 우리가 보기에 영양분을 빼앗아가며 다양한 질병을 일으키는 징그럽고 끔찍한 존재이다. 하지만 모든 생명은 기생충이 있는 환경에서 진화를 해왔으며, 숙주가 기생충에 대항해 진화를 해온 만큼 기생충 또한 숙주에 적응을 하여 진화해왔다.

기생충에 감염된 경우 신체는 기생충을 제거하기 위한 면역 반응을 일으키지만, 기생충이 큰 경우 면역계가 이들 기생충을 제거하기란 쉽지 않다. 이들 기생충을 죽이기 위해 면역계가 집중적으로 작동해도 기생충이 저항을 해서 쉽게 죽지 않는다. 그뿐만 아니라 그러한 과정에서 발생하는 염증 반응이 장기에 커다란 부담을 주다보면, 기생충으로 입는 피해보다 면역계가 우리 몸에 입히는 피해가 더 커질수 있다. 그래서 대형 기생충에 감염되면 신체는 염증 반응을 억제하는 인터류킨(interleukin)을 생성해 면역계가 과민 반응하는 것을 억제한다. 기생충 또한 숙주의 면역계와의 정면 대결을 피하고 싶기 때문에, 숙주가 이런 종류의 인터류킨을 생성하는 기능을 촉진시킨다.[20]

그런데 오늘날 많은 반려동물들은 이런 과도한 면역 작용을 억제하는 기생충을 약물로 모두 제거한 지나치게 위생적인 환경에 살게 되었다. 그로 인해 살아가면서 어느 정도 노출되어야 하는 기생충과 미생물들에 충분히 노출되지 않기 때문에 면역계가 모든 것에 과민 반응을 하게 되었다고 위생 가설은 이야기한다. 실제로 구동독을 비롯해 여러 지역에서 실시한 역학 조사에서, 아토피와 같은 자가 면역 질환들이 증가하기 시작한 시점은 대대적인 구충제 복용을 실시해 장내 기생충 박멸이 완료된 시점과 겹친다. 산모가 구충을 한 경우보다 기생충에 감염된 경우 아기들의 피부염 증상이 적다는 연구도 있다.[21]

단백질이 아토피의 원인인가

아토피로 고생하고 있는 개를 키우는 반려인들과 상담을 하다보면 닭고기에 대한 거부감이 의외로 심하다. 그분들은 하나같이 키우고 있는 개가 닭고기에 알레르기 반응이 있기 때문에 닭고기를 먹이면 안 된다고 이야기한다. 그동안 반려견의 피부가 안 좋아서 동물병원에 데려가면, 이 개는 닭고기에 알레르기가 있으니 닭고기를 먹이지 말라는 이야기를 너무나 많이 들었기 때문일 것이다.

이 부분에 대한 생각은 수의사들 또한 마찬가지이다. 어떤 연구 결과에 의하면 개들의 36%가 쇠고기에, 28%가 유제품에, 또 15%가 밀에, 그리고 닭고기에는 9.6%가, 양고기에는 6.6%가 알레르기 반응을 보인다고 한다. 많은 수의사들이 이러한 연구 결과를 받아들인다. 또 피부와 관련된 세미나에 가면 세미나를 주최하는 사료 회사에서 초청한 강사들이, 아토피는 단백질에 대한 알레르기 반응으로 심화되기 때문에 아토피가 있는 개들에게는 단백질을 가수 분해한 처방 사료를 먹이라는 강연을 한다.

단백질은 다양한 아미노산이 펩티드 결합이라는 방식으로 연결되어 있다. 각 생물은 고유의 방식으로 아미노산을 결합함으로써 고유의 특성을 가진 단백질을 만든다. 그로 인해 닭고기나 쇠고기, 연어 고기, 콩은 서로 다른 단백질이 되고 다른 맛이 난다. 단백질의 이런 특성이 알레르기를 유발하기도 한다.

동물은 외부로부터 영양분을 섭취해야 생존할 수 있다. 우리는 먹는 것을 즐겁고 기쁜 일로만 생각하지만, 사실 먹는다는 일은 매우 위험천만한 일이다. 먹는 것 중에는 내 몸에 영양소와 에너지를 공급하는 것도 있지만, 독과 같이 나를 죽음으로 몰아넣을 수 있는 것도 있기 때문이다. 먹는 것이 생명을 죽음으로 몰아넣을 수 있으므로 모든 생명은 자신이 먹는 것에 대해 경계를 하며, 극단적인 경우 코알라와 같이 유칼립투스 잎만 먹는 방식으로 진화하기도 한다.

먹는 것에 대해 경계를 하는 것은 모든 동물이 마찬가지이며, 그러한 작용으로 체내로 흡수되는 것을 항상 경계하며 때로 들어오지 못하도록 면역 반응을 보이기도 한다. 따라서 모든 단백질은 알레르

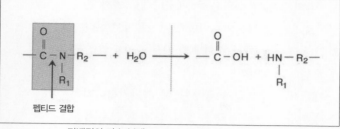

단백질의 가수 분해.

기원이 될 수 있다. 단백질은 많은 아미노산이 연결되어 독특한 성질을 갖는 단백질을 이룬다. 그러한 단백질을 가수 분해해서 짧게 아미노산으로 만들면 단백질 고유의 특성을 잃어버리면서 단백질로 인한 알레르기 반응이 발생하지 않게 된다. 그래서 아토피를 앓고 있는 개에게 가수 분해한 사료를 먹이라고 하는 것이다.

그럼 단백질이 아토피의 원인일까? 이것도 앞에서 살펴본 것과 같은 기준으로 살펴보면 알 수 있다. 단백질은 동물이 1990년대 이후부터 섭취한 것이 아니라, 몇 억 년 전부터 섭취해온 영양소이다. 그러므로 단백질 자체는 아토피의 원인이 아니다. 다양한 단백질들은 알레르기의 원인이 될 수는 있지만 아토피의 원인은 아니다. 왜냐하면 모든 동물들은 오래전부터 단백질을 섭취해왔지만 아토피를 앓은 적이 없기 때문이다. 실제로 《개 피부병의 모든 것》의 저자인 수의사 숀 메소니에도 진짜 음식 알레르기인 경우는 10% 미만으로 드물다고 한다.[22] 그런데 왜 많은 개들이 단백질 때문에 아토피로 고생을 한다는 것일까?

대학에서 수의학을 공부할 때 위전위술이라는 소의 외과 수술을 배웠다. 소나 양 같은 반추 동물의 위에 가스가 많이 차서 꼬여버리는 고창증이라는 병이 있는데, 그러한 상태로 방치하면 위의 내용물이 아래로 내려가지 못하고 장이 꼬여서 죽게 되기 때문에 그것을 바로잡아주는 수술이었다. 교수님은 그런 질병은 빈번히 발생한다고 말씀하셨다. 당시 그런 내용을 배우면서 소라는 동물은 진화가 잘못된 동물이 아닌가 하고 생각했다. 그런데 학교를 졸업하고 이런저런 책을 읽어보니, 소의 고창증은 소의 진화의 문제가 아니었다.

한번 삼킨 먹이를 다시 게워내어 씹어 먹는(되새김질) 특성을 가진 동물을 반추 동물이라고 하는데, 반추 동물 중에 고창증으로 죽는 동물은 거의 없다. 만약 고창증이 생겨서 죽는 일이 빈번히 발생했다면, 평원을 뒤덮은 들소와 같은 초식 동물은 번성할 수 없었을 것이다. 자연에 사는 초식 동물들 중 고창증이 발생하는 동물은 거의 없는데, 왜 유독 소에게만 고창증이 다발하는 것일까?

소는 풀을 뜯어 먹고 되새김질 과정을 거치면서, 그 풀이 네 개의 위를 오가는 동안 위 속에 있는 미생물들이 그 풀을 분해시키고 그런 과정을 통해 영양분을 섭취한다. 그러려면 많은 시간이 걸린다. 소는 그렇게 오랜 시간을 거쳐서 천천히 영양분을 흡수하도록 진화한 동물이다. 그런데 이런 소에게 사람들이 옥수수나 콩으로 만들어진 사료를 먹였다. 소가 먹은 옥수수나 콩은 위 속에서 미생물들에 의해 급격히 분해되며, 그 과정에서 다량의 가스가 빠르게 발생하게 된다. 그렇게 갑자기 발생한 다량의 가스가 제대로 배출되지 않았을 때 위는 꼬이게 된다. 다시 말해 소의 고창증은 원래 소에게 그런 병이 있는 것이 아니라, 사람들이 소의 체중을 빨리 증가시키기 위해 소의 먹이가 아닌 옥수수나 대두로 만들어진 사료를 먹이면서 발생한 질병이다. 그래서 고창증은 소의 유전적이거나 선천적인 질병이 아니라 인간이 일으킨 질병인 것이다.

반려동물의 아토피 또한 다르지 않다. 들소가 고창증으로 고생을 하지 않는 것처럼, 동물성 단백질을 섭취하는 자연의 육식 동물들도 단백질 때문에 아토피로 고생을 하지 않는다. 그런데 닭고기로 만든 사료나 간식을 먹는 개들 중에 아토피로 고생하는 개들이 아주 많다. 그래서 많은 반려인들이 자신이 키우는 개는 닭고기를 먹으면 아토피가 생긴다고 한다. 육식을 하는 야생 동물은 아토피로 고생을 하지 않는데, 개들이 아토피로 고생을 하는 이유는 무엇일까?

그것은 닭고기로 만든 사료나 간식에 들어 있는 닭고기가 자연에서 볼 수 있는 그런 닭고기가 아니라는 데 있다. 사람들은 사료 광고를 보며 그 사료가 신선한 닭고기로 만들어졌을 것이라고 생각한다. 하지만 많은 사료 회사들은 생산 원가를 줄이기 위해, 신선한 닭고기 대신 축산 가공 업체에서 생긴 부산물들을 사용한다. 그리고 그러한 부산물들은 이동 과정에 부패하는 것을 방지하기 위해 방부제 처리가 된다. 게다가 오늘날의 공장식 축산 시스템에서 사육되는 닭들은 살아생전에 햇빛 한 번 보지 못하고, 먼지가 가득 찬 더러운 환경에서 자란다. 그러다보니 닭들은 질병을 예방하기 위해 항생제가 첨가된 사료를 먹고 자란다. 그런 건강하지 못한 환경에서 자란 축산물로 만들어진 사료는 그 사료를 먹는 개의 건강도 손상시킬 수 있다. 또 사료를 만들고 유통을 하는 과정에서 방부제를 비롯한 다양한 사료 첨가제들이 들어간다. 이러한 화학 물질들에 장기간 노출되었을 때 아토피가 발생하는 것이다.

동물은 다양한 단백질에 알레르기 반응을 일으

킬 수 있다. 하지만 지금 심각하게 문제가 되고 있는 아토피는 단순히 단백질에 의한 문제가 아니다. 단백질 자체보다는 단백질에 첨가된 다양한 사료 첨가물들과 또 면역력을 저하시키는 여러 가지 요인들에 의해서 발생한다. 그래서 단백질을 가수 분해한 사료를 먹여도 아토피가 그다지 개선되지 않는 것이다.

육류 섭취로 인한 문제는 단지 단백질의 알레르기 문제만이 아니라 불포화 지방산의 문제도 고려해야 한다. 음식으로 섭취하는 지방은 탄소와 수소로 이루어져 있다. 이때 탄소들이 모두 단일 결합으로 연결(C—C로 표시)되어 있다면 이를 '포화 지방산'이라고 하고, 탄소들 간에 이중 결합(C=C로 표시)이 존재한다면 이를 불포화 지방산이라고 한다. 단일 결합으로 이루어진 포화 지방산은 안정적인 결합을 하고 있기 때문에 상온에서는 고체이다. 이에 비해 이중 결합을 가지고 있는 불포화 지방산은 언제든지 다른 물질과 반응할 수 있는 불안정한 구조이며 상온에서는 액체이다.

포화 지방산은 체내에서 효율적인 에너지 형태로 체온을 조절하거나 중요한 장기를 보호하고, 세포막을 만들며, 기타 여러 가지 생리 기능 물질을 생성하는 영양소로 쓰인다. 그러나 이 포화 지방산은 간에서 콜레스테롤을 합성하는 원료로 사용되어 혈중 콜레스테롤 수치를 높임으로써 동맥 경화증, 협심증, 뇌졸중 등의 원인이 될 수 있다. 그래서 나쁜 지방 취급을 받는다. 반면 불포화 지방산은 혈중 콜레스테롤 수치를 낮추어주므로 좋은 지방이라는 평가를 받고 있다. 하지만 불포화 지방산이라고 모두 몸에 좋은 것만은 아니다.

불포화 지방산은 이중 결합의 위치에 따라 오메가3와 오메가6로 구분한다. 오메가3는 혈중 중성 지질을 개선하고 혈행을 개선하는 효과가 있으며, 오메가6는 혈관의 염증을 억제하고 혈관벽을 강화하고 또 심혈관 질환을 예방하는 효과가 있다. 오메가3와 오메가6 모두 건강한 몸의 기능을 유지하는 데 필요한 필수 지방산이다. 하지만 오메가6의 비율이 높아지면 만성 염증을 유발하기 때문에 아토피 증상이 있는 경우 주의하여 섭취해야 한다.

지방산은 체내에서 대사되어 최종적으로 에이코사노이드(Eicosanoid)를 생성한다. 에이코사노이드는 염증과 관련된 중요한 역할을 하는데, 기능에 따라서 두 가지로 분류한다. 하나는 양성 에이코사노이드로 오메가3 계열의 α-리놀렌산에서 생성되며, 알레르기 증상을 완화시킨다. 다른 하나는 악성 에이코사노이드로 오메가6 계열의 리놀산에서 아라

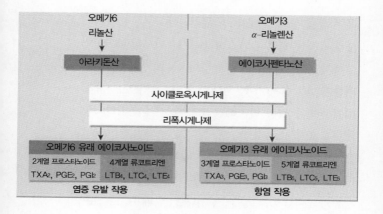

오메가6
리놀산
↓
아라키돈산

오메가3
α-리놀렌산
↓
에이코사펜타노산

사이클로옥시게나제

리폭시게나제

오메가6 유래 에이코사노이드
2계열 프로스타노이드   4계열 류코트리엔
TXA2, PGE2, PGI2   LTB4, LTC4, LTE4
염증 유발 작용

오메가3 유래 에이코사노이드
3계열 프로스타노이드   5계열 류코트리엔
TXA3, PGE3, PGI3   LTB5, LTC5, LTE5
항염 작용

키돈산을 거쳐 생성되며, 알레르기 증상을 증가시키고 악화시킨다.[23]

α-리놀렌산은 생선, 깻잎유, 들기름 등에 많이 포함되어 있다. 리놀산은 옥수수유, 대두유, 해바라기유, 면실유, 참기름, 쌀겨유, 밀밭아유, 달맞이꽃유 등에 많이 포함되어 있다. 또한 소, 양, 돼지, 닭 등의 고기에는 아라키돈산이 많이 포함되어 있다.

오메가3 계열의 α-리놀렌산을 많이 섭취하는 경우 알레르기 등의 염증 반응을 억제하는 효과가 있지만, 오메가6 계열의 리놀산을 많이 섭취하는 경우에는 염증 반응을 유발하게 된다. 오늘날 많은 개들은 사료를 먹고 있다. 그런데 오메가3는 열에 약해 사료 제조 과정에서 쉽게 파괴된다. 그리하여 개들은 사료를 통해 오메가6만 섭취하게 된다. 또 간식으로 육포나 캔과 같은 고기를 주로 먹이기 때문에, 오메가3와 오메가6의 불균형이 더욱 커져서 쉽게 염증이 유발될 수 있는 상태가 된다. 그러므로 염증이 발생하는 것을 억제하려면 오메가3와 오메가6의 균형을 맞추기 위해 고기를 줄이고, 오메가3가 많이 들어 있는 야채나 과일 종류를 많이 먹이는 것이 좋다. 오메가3는 고등어, 연어, 다랑어, 꽁치와 같은 생선과 상추, 호박, 강낭콩, 취나물, 양배추, 토마토와 같은 야채나 과일에 많이 들어 있다. 먹이를 통해서 오메가3를 섭취하게 하는 것이 쉽지 않은 경우, 동물용 피부 영양제로 나오는 오메가3 제품을 이용하는 것도 하나의 방법이다.

Tip 단백질 알레르기 테스트

개의 아토피는 단백질에 의한 알레르기가 원인이 아닌 경우가 대부분이지만, 개 중에는 특정 단백질에 알레르기 반응이 심하게 나타나는 경우도 있다. 특정 단백질에 대한 알레르기 반응 여부는 다음과 같이 3단계를 거쳐서 확인해 식이 요법을 실시한다.

1단계: 원인 물질을 제거한다.
의심이 되는 음식물을 식단에서 제거한다. 그리고 증상이 사라지는지 2~3주간 관찰한다. 제거한 음식물이 알레르기 원인 물질이라면 시간이 지나면서 증상이 서서히 사라진다. 증상이 줄어들기까지는 적어도 1~2주일이 걸리는 것이 보통이고, 어떤 음식물은 더 많은 시간이 걸리기도 한다.

2단계: 유발 테스트를 한다.

의심이 되는 음식물을 제거한 후 증상이 완화된 것만으로 그 음식물이 알레르기를 유발하는 음식이라고 확정하기에는 이르다. 증상이 사라진 상태에서 다시 그 음식물을 먹여보고, 증상이 재발한다면 그 음식물이 알레르기원이라고 확정한다. 음식물을 먹고 알레르기 반응이 바로 나타나는 경우도 있지만 천천히 증상이 나타나는 음식도 있으므로 2~3주간을 살펴보고 결정한다.

3단계: 제거 정도를 정해 식이 요법을 실시한다.

음식물에 대한 알레르기 정도는 식품마다 다르다. 어떤 음식물은 조금의 양에도 알레르기 반응을 보이는 반면, 어떤 음식물에는 많은 양을 먹어야 알레르기 반응을 보인다. 알레르기 반응을 일으키는 음식물을 먹이에서 어느 정도 제거할 것인지 결정해 식이 요법을 실시한다. 단, 약간의 알레르기 반응을 보인다고 모두 배제하면 먹일 수 있는 것이 별로 남지 않는다는 점을 염두에 두어야 한다. 또 심하지 않은 경우 내성을 가질 수 있도록 조금씩 먹이에 첨가하는 것이 멀리 내다보았을 때 개의 면역력 향상을 위해서 좋다.

아토피는 유전적 질병인가

개의 아토피는 잘 낫지 않는다. 또 상태가 좋아지는 것 같다가도 다시 심해진다. 이럴 때 많이 듣는 이야기가 아토피는 유전적 소인이 작용하는 질병이어서 잘 낫지 않는다는 것이다. 아토피와 유전자와의 연관성은 부모와 자식 간의 아토피 발생률에 대한 연구 결과를 바탕으로 하고 있다. 연구에 의하면 부모가 모두 아토피 증상을 보이는 경우 태어난 아기의 41.7%에서 아토피가 발생했고, 엄마만 아토피 증상을 보이는 경우 30.7% 그리고 아빠만 아토피 증상을 보이는 경우 22.2%에서 아토피가 발생했다. 반면 부모 모두 알레르기 병력이 없는 경우 유아의 아토피 발생률은 14.7%로 현저히 저하되었다.[24]

이러한 연구를 바탕으로 아토피 발생은 부모의 알레르기 질환력과 밀접한 연관성이 있으며, 아토피의 발생에 유전적 요인이 크게 관여한다고 보고 있다. 아토피가 유전자의 문제로 생기는 것이라면 어쩔 수 없는 것 아닌가. 유전자는 고칠 수도 없고 또 바꿀 수도 없으니 말이다. 그런데 이 부분도 앞에서 생각했던 것과 같은 방식으로 생각해보자.

아토피가 유전자의 문제라고 한다면 같은 유전자를 가지고 있는 가계는 오래전부터 아토피를 앓았어야 한다. 아버지는 말할 것도 없고 할아버지 또 그 위로 몇 대의 할아버지들이 아토피로 고생을 했어야 한다. 그런데 조부모, 증조부모까지 올라가서 과거의 질병력을 조사해보면 과거에 아토피를 앓았다는 증거를 찾기가 어렵다.[25] 앞에서 반복해서 이야기한 것처럼 우리나라의 경우 아토피는 1990년대 이후에 심해진 질병이다. 지금의 아이들과 부모 세대 정도만 아토피를 앓고 있다. 이것을 두고 유전자의 문제라고 단정 지을 수 있을까? 아토피 발생률의 급격한 증가는 "갑작스런 유전자 변형의 증거가 없기 때문에 아토피의 증가에 있어 환경적 요인이 더 중요할 가능성이 높다는 것을 시사한다."[26]

부모와 자식 간에 공유하고 있는 것은 단지 유전자만이 아니다. 먹는 것도 같이 먹고 잠도 같은 공간에서 잔다. 집안에 큰일이 생기면 그로 인한 정신적 스트레스도 같이 받는다. 이러한 먹거리나 주거 환경은 부모와 자식 모두에게 많은 영향을 끼친다. 그런데 그러한 환경적인 변수를 놔두고 아토피를 유전적 질병이라고 판단하는 것은 합리적이지 않다.

게다가 유전적 질병이라고 명명하는 것은 신중을 기해야 할 문제이다. 왜냐하면 만약 아토피의 원인이 유전적인 것이라면 완치되기 어렵지만, 환경병이라고 한다면 이겨낼 가능성이 더 높기 때문이다. 아토피를 포함해 심장 질환, 당뇨병, 암과 같은 현대병은 잘 치료되지 않고 오래 지속되어 만성 질병이라고 불린다. 이 만성 질병들의 공통점은 유전적 요인 때문에 잘 치료되지 않는다고 의학계에서는 이야기한다. 현대 의학에서 '유전적'이라는 말은 넘을 수 없는 산과 같다. 우리는 다음의 사례에서 만성 질병이 된 현대병이 어떻게 하여 근본적인 원인이 은폐되고, 그럼으로써 '유전적인 질병'이 되었는지 유추해볼 수 있다.

1977년 워싱턴에서는 조지 맥거번(George McGovern) 의원이 의장으로 있던 '영양 및 인간 욕구에 관한 상원 특별위원회'가 심장 질환, 암, 비만, 당뇨병 등 음식과 관련된 만성 질환에 대한 경악할 만한 증가를 보고 받고 청문회를 열었다. 맥거번 위원회는 제2차 세계 대전 후 미국에서 관상 동맥 질환 발병률이 치솟은 반면, 채식 위주의 전통 식단에 따라 식사를 하는 다른 문화의 만성 질환 발병률은 매우 낮다는 걸 발견했다. 또 역학자들은 고기와 유제품이 제한적으로 지급된 전쟁 기간 동안 심장 질환의 발병률이 일시적으로 낮아졌다가 전쟁이 끝난 후에 다시 급격히 증가했다는 것을 알아냈다.[27][28] 맥거번 위원회는 이러한 조사를 바탕으로 과도한 육식이 현대병의 원인이라는 결론을 내리고, 붉은 고기와 유제품의 소비를 줄이라는 권고를 발표했다.

실제로 오스트레일리아에서 실시된 영양학 연구자 케린 오데아(Kerin O' Dea)의 연구에서는 먹거리와 현대병이 밀접한 관계가 있음이 밝혀졌다. 원주민 정착지에 거주하는 오스트레일리아 원주민들 중 많은 수가 대사 증후군을 앓고 있었다. 대사 증후군은 2형 당뇨병과 비만, 고혈압, 심장 질환 그리고 몇 가지 암의 발병과 관련이 있다. 케린은 이들을 대상으로 실험을 실시했는데, 이들 원주민을 원래 살던 고향으로 돌려보내 생활을 하도록 한 것이다. 이들은 원주민 정착지에 있는 동안 주로 밀가루, 설탕, 알코올음료, 분유, 값싼 지방질 고기, 감자, 양파 등을 먹었다. 하지만 오지의 고향으로 돌아간 그들은 직접 사냥하거나 채집한 민물고기, 조개, 거북이, 악어, 캥거루, 고구마, 무화과, 꿀 등을 먹었다. 오지에서 7주를 보낸 뒤 실시한 검사에서 이들은 몸무게가 평균 8kg이 줄었고 혈압이 낮아진 것으로 나타났다. 또 트라이글리세라이드 수치는 정상 범위로 떨어졌고, 당뇨병에 걸렸던 원주민들은 매우 상태가 호전되었거나 완전히 정상을 되찾았다.[29]

맥거번 위원회가 먹거리와 질병과의 관계가 중요함을 밝혀내고 개선 방안을 발표하자, 몇 주 지나지 않아 육류와 유제품 업계는 위원회를 집중적으로 공격하고 비난했다. 이에 위원회는 "고기의 소비를 줄이라"는 권장 사항을 "포화 지방 섭취량을 줄여줄 고기, 가금류, 생선을 선택하라"로 변경했다. 그러한 권장 사항을 미국의 가정에서는 "저지방 음식을 많이 먹어라"로 받아들여 고기는 먹던 대로 먹으면서 그것에 더해 저지방, 고탄수화물을 더 먹게 되었다. 그로 인해 대중의 건강은 더욱 악화되었다. 위원회에 소속되었던 위원들은 권장 사항을 변경했음에도 불구하고 다음 선거에서 쇠고기 로비 단체들에 의해 낙선되었다.[30] 이후 축산이나 식품과 관련된 영역은 불가침의 영역이 되었다.

이와 같이 만성 질병을 일으키는 원인이 은폐됨으로써 그 원인을 개선하지 못한 채 괜한 유전자 탓만 하게 되었다. 국민 건강에 관한 정책도 자본과 권력으로부터 자유로울 수 없음을 알게 하는 사례이다. 만성 질병이 되어버린 개 아토피의 경우도 상황은 크게 다르지 않다.

Tip 유전자 결정론

　현대 의학은 아토피를 비롯해 많은 질병들이 유전자 때문에 발생한다고 말한다. 이것은 현대 의학의 환원주의의 한 유형으로, 유전자가 어떤 질병을 야기한다는 '유전자 결정론'이다.

　1953년 제임스 왓슨(James Dewey Watson)과 프랜시스 크릭(Francis Harry Compton Crick)이 과학 저널 〈네이처〉에 DNA 이중나선 구조도를 발표한 이후 유전자는 생명 현상의 중심에 자리 잡았다. 이후 크릭이 "DNA는 RNA를 만들고, RNA는 단백질을 만들며, 단백질은 우리를 만든다"는 '중심 원리(central dogma)'를 발표한 후[31] 유전자는 생명 현상의 알파이며 오메가가 되었다.

　중심 원리는 하나의 DNA는 하나의 단백질을 만들고 그로 인해 어떤 신체 기능을 수행한다고 이야기한다. 하지만 연구자들이 고의로 특정 유전자를 제거해도 신체는 정상적으로 성장했다. 그것은 하나의 DNA가 하나의 단백질을 만드는 것이 아니라 대체할 수 있는 여러 경로가 존재한다는 것을 의미한다. 과학자들은 이것이 신체의 청사진에는 광범위한 중복이 있다는 증거라고 말한다.[32]

　유전자는 생명 현상을 유발하는 다양한 단백질을 만들어낸다. 유전자가 매일같이 헤아릴 수 없이 많은 단백질을 만들다보면 때로는 잘못된 단백질을 만들기도 한다. 그것은 공장에서 같은 틀로 제품을 찍어내도 가끔 불량 제품이 만들어지는 것과 같다. 또 때로는 특정 유전자가 작동을 하지 않을 수도 있다. 이런 것을 두고 우리는 특정 유전자의 문제 때문에 신체에 어떤 문제가 생길 거라고 생각한다. 하지만 신체에는 발생 과정에서 하나의 유전자가 결핍되어 있다면 그것을 대체할 수 있는 '동적 평형계'가 있어 그 유전자를 대체

한다.[33] 유전자의 단백질 생성은 분할 유전자(segmentation gene)뿐 아니라 반복 유전자(repeated gene), 중복 유전자(overlapping gene), 잠재 DNA(cryptic DNA), 안티센스 전사(antisense transcription), 내포 유전자(nested gene), 다중 촉진 인자(multiple promotor) 등 여러 유전자에 의해서 조절된다. 하나의 유전자가 단독으로 작동하는 것이 아니라, 여러 가지 인자들에 의해 억제되기도 하고 촉진되기도 하면서 특정 기능을 발휘하게 된다.

인간의 유전자는 2만~2만 5,000개가량으로 알려져 있다. 하지만 이렇게 많은 유전자가 존재한다고 하여 무조건 작동하지는 않는다. 유전자의 작동은 발생 과정 중에 언제 어떤 유전자를 작동시킬 것인지 결정하는 툴킷 유전자(toolkit genes)[34]의 조절 스위치를 비롯하여, 무수히 많은 스위치와 단백질들이 시공간 상에서 패턴을 조직해 만들어낸 산물이다.[35] 유전자 간의 관계, 즉 유전자들이 발현되는 과정에서 그들과 그들을 둘러싸고 있는 환경의 상호 작용이 생명 현상의 상당 부분을 결정한다.[36] 따라서 유전자의 작동을 결정하고 조절하는 것은 세포 전체의 복잡한 조절 역학이다. 그래서 미국의 진화 생물학자인 리처드 르원틴(Richard Charles Lewontin)은 "이 세상에 스스로를 자가 복제할 수 있는 무언가가 있다면, 그것은 유전자가 아니라 복잡계(complex system)로서의 전체 생물이다."[37]라고 말한다.

유전자가 어떤 것을 결정한다는 주장에 대해 르원틴은, 우리는 우리의 유전자에 의해 영향을 받지만 결정되지는 않는다고 말한다. 발생은 부모로부터 받은 유전 물질뿐 아니라 발생하는 개체에 영향을 주는 특정한 온도, 습도, 영양분, 시각, 소리 등에도 의존하기 때문이다. 같은 종 내의 개체 사이에서 나타나는 편차는 단지 유전자에 의해서 결정되는 것이 아니라, 유전자와 발생 환경 사이에서 일어나는 끊임없는 상호 작용의 고유한 결과이다.[38] 현대 의학은 아토피를 비롯한 많은 질병들이 유전자 때문에 발생하는 것이라고 말한다. 하지만 유전자 때문에 그런 질병들이 발생하는 것이 아니다. 왜곡된 환경이 유전자가 그런 활동을 하도록 만든 것이다.

개 아토피의 최대 변수, 사료의 문제점

아토피로 고생하는 것은 개들뿐만이 아니다. 사람들 특히 많은 아이들이 아토피로 고생을 하고 있다. 무엇이 아이들을 이렇게 아토피로 고생을 하도록 하는 것일까? 몇 년 전에 과자의 문제를 제기한 책이 출간되어 폭발적인 반응을 받았다. 그 책의 저자는 아이스크림, 과자, 껌, 드링크제, 소시지, 바나나 우유 등에 첨가된 설탕, 트랜스 지방산, 색소와 향료, 방부제 등의 식품 첨가물들이 아이들의 건강에 심각한 문제를 일으킨다고 이야기했다. 또 TV에서도 아이들을 대상으로 실험을 했는데, 과자를 많이 먹는 아이들에 비해 과자를 먹지 않는 아이들은 아토피 증상을 보이지 않았다. 또 아토피가 심하던 아이에게 과자를 먹지 못하게 하자 증상이 많이 호전되었다.

그 책이 제기한 문제에 충격을 받은 많은 부모들이 과자류를 아이에게 먹이지 않았고, 제과 회사는 타격을 받았다. 하지만 곧 제과 회사는 과자와 아토 피는 상관이 없다고 발표했고, 몇몇 의사들의 지지 발언이 있으면서 흐지부지 넘어갔다. 하지만 많은 부모들은 과자가 아토피의 원인일 수 있다는 것을 알게 되었고, 이제는 아토피 증상이 있는 아이의 경우 과자를 비롯한 인스턴트 음식을 가급적 먹이지 않는다.

아이들의 건강을 과자가 위협한다면 개들의 건 강을 위협하는 가장 큰 요인은 사료와 간식들이다. 참고로 개들에게 아토피가 급격히 증가한 것은 1990년대 이후이다. 또 사료가 국내에 본격적으로 수입되어 판매된 것도 1990년대 이후이다.

사람들은 사료가 반려동물의 건강에 도움이 되 는 안심할 수 있는 제품이라고 생각한다. 하지만 사 료는 사람들이 생각하는 것처럼 그렇게 믿을 수 있 는 제품들이 아니다. 2007년 미국에서는 6,000만 포 대의 반려동물용 건사료와 습식 사료가 리콜 되는 역사상 최악의 사료 리콜 사태가 있었다. 사료에 들 어간 중국산 원료로 인해 수천 마리의 개와 고양이 가 목숨을 잃었다. 이 거대한 리콜 사태로 인해 사 료에 대해 한 번도 의심해본 적 없는 소비자들은 경 각심을 갖게 되었다.

마트 또는 인터넷 쇼핑몰에서는 많은 종류의 반

려동물용 사료를 판매하고 있다. 화려하거나 혹은 신뢰할 수 있는 느낌으로 포장된 사료에는 제품을 홍보하는 다양한 문구들이 기재되어 있다. 신선한 재료를 사용하여, 위생적인 시설에서, 반려동물의 건강을 위한 성분 조성으로, 믿을 수 있는 다국적 거대 기업에서 생산했다는 내용들이다. 또 사료 회사들은 미국 식품의약국(FDA)이나 미국사료관리협회(AAFCO) 또는 미국농무부(USDA) 등에서 검증을 받은 제품이라고 광고를 한다.

동물병원에 반려동물을 데리고 가면 대부분의 수의사들이 사료를 먹이라고 권한다. 그래서 거의 모든 반려인들은 믿고 반려동물에게 사료를 먹이고 있다. 그런데 안타깝게도 실제로 사료는 사료 회사들이 홍보하는 것처럼 그렇게 좋은 제품들이 아니다. 《개·고양이 자연주의 육아백과》의 저자 닥터 피케른은 대학에서 수의 영양학에 대해 배운 것이라곤 "앞으로 여러분의 고객에게는 반려동물에게 좋은 사료를 주고, 사람이 먹는 음식을 절대로 주지 말라고 하세요."가 전부라고 이야기한다.[39] 한국 또한 그다지 다르지 않다. 수의사들이 사료에 대한 정보를 듣는 것은 대부분 사료 회사가 주최하는 세미나를 통해서다. 그 세미나에서 어떤 이야기가 오가겠는가. 대부분은 그 사료 회사의 제품에 대한 홍보다. 사료 회사에서 홍보하는 내용을 듣고 그것이 전부라고 생각하는 수의사들이 적지 않다. 하지만 사료 회사의 이야기가 전부는 아니다. 사료 회사에서 이야기하지 않는 많은 문제들이 사료에 포함되어 있다. 사료를 먹고 건강하게 사는 개들은 상관이 없겠지만, 아토피와 같은 문제를 안고 있는 개들은 좀 더 고민을 해보아야 한다.

사료의 문제는 크게 두 가지다. 하나는 많은 사료 회사에서 생산되는 사료의 주된 재료가 포장지나 광고에서 보는 것처럼 양질의 신선한 재료가 아니라는 것이다. 또 다른 문제는 사료에 들어간 다양한 첨가물에 있다.

❶ 신선하지 않은 사료의 재료들

사람의 아토피와 음식물과의 관계에서 문제가 되는 것은 주로 식품 첨가물이다. 먹거리 원료 자체도 상인들이 농간을 부려 믿을 수 없는 나라도 있지만, 대부분의 나라에서는 사람이 먹는 음식 재료를 먹지 못할 것으로 만드는 경우는 드물다. 그렇지만 동물의 사료는 첨가물은 말할 것도 없고 주재료 자체도 많은 문제를 가지고 있다.

2007년에 미국에서 일어난 사료 리콜 사태는 중

국 제조업체에서 생산한 중국산 밀 글루텐이 원인이었다. 중국의 생산업자는 생산 원가를 낮추기 위해 밀 글루텐에 멜라민과 시아누르산을 첨가했다. 멜라민은 밀 글루텐보다 가격이 싸고, 화학적으로 분석했을 때 단백질 함량을 높게 만든다. 멜라민을 사용하는 경우 밀 글루텐을 조금만 넣어도 되기 때문에 이익이 더 많이 남는다. 그런데 이 멜라민은 신장 세포를 파괴하여, 이것을 먹은 개들이 급성 신부전 증상을 보이며 심한 경우 죽음을 맞기도 했다. 그로 인해 중국에서 원료를 공급받아 생산한 대부분의 사료들이 문제가 되었다. 반려동물 사료 '아이암스' 와 '유카누바' 의 생산자인 피앤지(P&G)는 아이암스 43종과 유카누바 25종을 리콜했고, 뉴트로 프로덕트는 고양이 사료 35종과 개 사료 22종을 리콜했다. 퓨리나(Purina)와 힐스(Hill's)도 자사의 캔들과 고양이 사료를 리콜했다.[40]

하지만 2007년 중국의 멜라민만이 사료를 오염시킨 것일까? 잘 알려지지는 않았지만 2007년 대규모 사료 리콜 사태 이전에도 수많은 사료 리콜이 있었다. 그 원인은 말할 것도 없이 최소 비용으로 최대의 이윤을 추구하는 사료 회사들이 저가 원료인 중국산을 사용했기 때문이다.

사료 회사가 만드는 수백 가지 다양한 제품은 브

랜드 라벨만 다를 뿐 모두 한두 공장에서 일괄적으로 제조되고 있다.[41] 값싼 마트 사료든 비싼 프리미엄 사료든 다 같은 공장의 같은 생산 라인에서 만들어진다. 사료 포장지에 재료로 표시되어 있는 고기란 육류 부산물의 다른 이름이며, 수많은 불순물과 병든 동물의 신체 부위들을 포함한다. 그러므로 사료 포장지에 적혀 있는 '영양학적으로 완벽'하다는 문구는 문자 그대로 믿기 어렵다.

반려인들은 사료가 동물에게 균형 잡힌 영양을 공급하기 위해 만들어지기 시작했다고 생각하지만, 사실은 그렇지 않았다. 미국 사회가 발달하면서 밀이나 옥수수 도정 공업, 육가공 공업, 우유 가공 공업 그리고 유실 가공 공업이 발달했는데, 초기에 이들 업체는 각종 부산물을 가까운 강에 버렸다. 그러나 환경 오염이 극심해짐에 따라 부산물 폐기에 대해 규제를 받게 되었다. 그러한 상황에서 가공 공장들은 부산물의 폐기 비용을 절감할 수 있는 방안을 연구하기 시작했고, 그 과정에서 각종 부산물로 가축 사료를 만들게 된 것이다.[42]

현재 미국에서는 약 1억 마리의 소가 사육되며 매일 10만 마리가 도축된다. 500kg의 소를 도살하면 약 235kg(정육률이 47%일 경우)의 살코기를 얻을 수 있다. 이는 곧 소 한 마리당 265kg의 부산물이

나온다는 뜻이다. 이렇게 계산했을 때 미국 전역에서 하루 발생하는 소 부산물의 양은 대략 2,650만kg이다. 여기에 돼지와 닭 등의 가축 부산물까지 합하면 계산하기조차 힘든 양이 나온다. 사료가 만들어지고 산업화될 수 있었던 것은 급격하게 늘어난 미국 내 농축산업에서 발생하는 부산물을 처리할 수 있는 해결책이 필요했기 때문이다. 사람이 먹을 수 없는, 엄청난 양의 축산 부산물들은 처리하는 데도 많은 비용이 들고 매립하는 경우 환경 문제도 발생시킨다. 이 문제를 한 번에 해결하면서 돈까지 벌 수 있는 방법이 동물에게 사료로 만들어서 먹이는 것이었다.

사람이 먹을 수 있는 고기는 사람이 먹고 사람이 먹을 수 없는 부산물들로 가축 사료를 만드는 것이 무엇이 문제냐고 생각하는 사람도 있다. 우리는 가끔 TV를 통해서 공개되는 위생적인 도축 시설을 보며, 가축이 위생적인 환경에서 도축된다고 생각한다. 문제는 현실에서는 전혀 그렇지 않다는 데에 있다.

오늘날 산업화된 도축 시설은 모든 것이 컨베이어 시스템으로 되어 있다. 미국의 도축장 중에는 1시간에 300마리의 소를 도축하는 라인도 있다. 작업자들은 컨베이어 벨트에 매달려 15초마다 지나가는 도축 소에서 자기에게 맡겨진 부위를 절단해낸다. 가공실의 벽은 온통 더러운 찌꺼기와 곰팡이로 가득하고, 작업장에서는 작업자의 머리 위로 기름이 뚝뚝 떨어진다.[43] 도축장 바닥은 온통 가축들의 내장과 소변 및 배설물, 사료 찌꺼기들로 가득하며, 이따금씩 걸어 다니기에도 위험할 만큼 미끄럽다.[44] 쇠고기 가공업자들은 이러한 도축 과정에서 나오는 기름 덩어리와 바닥에 떨어진 찌꺼기들 그리고 다른 부산물들을 함께 방부제 처리를 하여 렌더링 공장으로 보내 부가 수익을 올린다.[45]

이 밖에도 사료에는 렌더링 공장에서 생산된 육분이 포함된다. 렌더링 공장은 사체 처리 회사에서 나온 동물 사체, 동물원에서 죽은 동물, 로드킬을 당했지만 땅에 묻기에는 사이즈가 너무 큰 동물, 식당이나 식료품점에서 나온 음식물 쓰레기들을 모두 모아서 사료에 사용할 수 있도록 육분으로 만드는 공장이다. 렌더링 공장에서는 도축장에서 도축하고 남은 식용 부적합 판정을 받은 부위도 수거한다. 도축장 직원들은 렌더링 공장에 보내기 전에 사료가 될 동물 부산물 더미에 염소계 표백제나 크레졸, 시트로넬롤 등 화학적 변성제를 뿌린다. 렌더링 공장에서는 이렇게 모은 온갖 재료를 거대한 통에 넣어 끓여서 표면에 뜬 기름은 거두어 캔용 지방으로 사

117

용하고, 나머지는 건조시켜 육분으로 만들어 보통 건사료에 사용한다.

《독성 없는 집과 회사(The Nontoxic Home & Office)》의 저자인 데보라 린 대드(Debra Lynn Dadd)는 "매년 11만 6,000마리에 달하는 포유류와 1,500만 마리에 달하는 조류가 도살되기 전에 불합격 판정을 받는다. 도축된 이후에 병든 것으로 판정되어 32만 5,000마리의 사체가 또다시 폐기되고 550만 톤 이상의 주요 부위가 절단된다. 더욱 충격적인 것은 해마다 14만 톤에 달하는 가금류가 주로 암 때문에 불합격 판정을 받는다는 것이다. 그런데 이렇게 판매할 수 없는 병에 걸린 동물이 동물용 사료로 가공 처리된다."라고 말한다.[46]

이렇게 불량한 재료를 사료의 원료로 사용하는 이야기가 그저 외국 이야기일 뿐이라고 생각할지 모르지만 그렇지 않다. 우리나라에서도 2019년 제주도 유기 동물 보호소에서 안락사한 유기 동물의 사체를 동물의 사료 원료로 사용한 것이 드러나면서 반려인들에게 큰 충격을 주기도 했다.[47] 이런 재료들을 사용하기 때문에 많은 사료 회사가 소비자의 마음을 끌려고 엄청난 양의 인공 조미료와 향료를 사용해도 사료에서는 지독한 냄새가 나는 것이다. 먹는 것과 건강은 매우 밀접한 관계가 있다. 먹

는 것이 신체의 구성 성분이 되기 때문이다. 좋은
재료를 사용해 만든 사료도 있지만, 이와 같이 좋지
않은 재료로 만들어진 사료도 있기 때문에 아토피
를 앓는 개들은 많은 주의를 해야 한다.

❷ 백해무익한 사료 첨가물들

좋지 않은 재료로 만들어진 사료의 문제 못지않
게 심각한 문제는 사료에 들어가는 첨가물들이다.
아토피의 관점에서 보면 이 사료 첨가물들이 주재
료보다 더 큰 문제다. 요즘은 반려동물의 건강을 위
해서 좋은 재료로 사료를 만드는 회사들도 늘어가
고 있다. 하지만 이 사료들조차 장기간의 사료 유통
을 위해 방부제를 넣거나 사료를 만드는 공정상의
필요로 다양한 사료 첨가물을 넣음으로써 반려동물
의 건강을 해치고 있다.

사료에는 방부제, 살균제, 산화 방지제, 발색제,
표백제, 향미 증진제, 유화제, 안정제, 증점제, 감미
료 등 다양한 용도의 많은 첨가물들이 들어간다. 이
들 중 문제가 되는 것은 다음과 같은 것들이다.[48]

■ 프로필렌 글리콜(Propylene glycol)
개에게 질병을 일으키는 것으로 알려진 이 화합

물은 적절한 질감과 수분 함량을 유지해 세균의 증식을 억제하는 데 사용되곤 한다. 흔히 사용하는 보존제 중에서 이것은 개에게 피부의 건성 가려움증, 탈모, 탈수, 과도한 갈증, 치아 질환이나 잇몸 질환과 같은 질병을 가장 많이 유발하는 것으로 알려져 있다.

■ 프로필 갈레이트(Propyl gallate)

음식이 변질되는 것을 억제하기 위해 첨가하는 화합물로 간 손상을 유발하는 것으로 알려져 있다.

■ 에톡시퀸(Ethoxyquin)

제초제이자 처음에 고무 제조에 사용하기 위해 개발된 방부제로, 개에게 심각한 질병을 유발하는 것으로 가장 의심되는 화합물이다. 이것은 갓 태어난 생쥐에게 간 종양을 유발하는 것으로 밝혀졌다. 미국 식품의약국의 수의학센터(FDA/CVM)는 "알레르기 반응과 피부 질환, 주요 장기의 기능 부전, 행동 질환, 암 유발을 포함한다."는 보고를 받았지만 충분한 증거라고 여기지 않았다. 그 때문에 현재 에톡시퀸은 펫 푸드의 방부제로 계속 사용되고 있다.

■ BHA(butylated hydroxyanisole), BHT

(butylated hydroxytoluene)

지방이 부패하는 것을 막아주는 화학적인 항산화제로 방부제다. 이 방부제가 들어간 사료는 유통기한이 필요 없을 정도이다. 발암 물질로 의심된다. BHA는 지방의 산화를 방지하기 위해 우리가 먹는 버터나 시리얼, 과자류, 빵류, 고기류에 들어가고, BHT는 지방이 산화될 때 생기는 악취를 방지하고 음식의 색과 향, 감미를 보조하는 데에 사용된다. 하지만 사람은 방부제가 들어간 음식을 가끔 먹는데 비해 개, 고양이는 매 끼니마다 방부제 덩어리인 사료를 먹는다는 것이 문제다.[49]

■ 착색제
보통 인공 착색료(artificial colors)로 간단하게 표시된 첨가제는 특별한 레이블링을 하지 않는다. 사료에는 다음과 같은 콜타르에서 추출한 염료가 첨가되는데, 식품에 첨가하는 것이 모두 허용되어 있다.

Red No.3
Red No.40(발암 물질일 가능성이 있음)
Yellow No.5
Yellow No.6
Blue No.1
Blue No.2(연구 결과 치명적인 바이러스에 대해

개의 감수성을 증가시키는 것으로 밝혀짐)

1980년대 중반에 펫 푸드와 사람이 먹는 식품 중 사용이 금지된 유사한 염료에는 Red No.2(암과 선천적 결손증을 증가시키는 것으로 나타남)와 Violet No.1(피부 병변을 유발할 수 있는 발암 물질로 의심됨)이 있다. 이들 첨가물을 염려한 시민들이 사료에 인공 착색료를 넣지 못하도록 FDA에 청원을 넣었지만 여전히 사용이 줄지 않고 있다. 모든 업체가 그들의 식품을 더욱 신선하고 붉은 고기인 것처럼 보이게 하려고 착색료를 사용하기 때문이다. 사료 회사들은 무한 경쟁을 벌이는 상황에서 재료의 불쾌한 색으로 인한 불이익을 원치 않는다. 개와 고양이는 사람처럼 색을 보지 못하기 때문에 이러한 색소 첨가는 오로지 사람의 주목을 끌기 위한 것이다.

사람들은 FDA가 미국 국민들의 건강과 안전을 위해 엄격한 기준을 마련하고 식품과 관련된 정책을 확실하게 펴나갈 것이라고 여긴다. 그래서 FDA의 승인을 받았다고 하면 안전한 제품이라고 생각한다. 하지만 식품 회사들의 막강한 로비에 의해서 미국 국민들의 건강을 희생시켜가며 식품 회사에 유리한 법률과 규칙이 제정되고 있는 것이 현실이다. 또 식품업계를 위해 일하는 로비스트들이 회전

문 인사를 통해 농무부 기관장이나 관리로 임명되어 그들의 업계에 유리한 정책을 결정한다.[50]

식품 첨가물은 생명에 아무런 해를 끼치지 않거나 건강에 아무 문제를 일으키지 않는 것들이 아니다. 그런데도 식품 첨가물은 일정한 독성 기준만 통과하면 허가된다. 사료를 생산해 판매하는 회사에게 가장 중요한 것은 사료를 만들고 유통시켜 이윤을 얻는 것이다. 그렇게 하는 데 큰 역할을 하는 것이 사료 첨가물이다. 방부제를 사용하지 않는 사료는 오랜 기간 유통시킬 수가 없다. 전 세계를 상대로 사료를 판매하는 다국적 기업의 경우 유통 기간이 길지 않으면 사업을 계속할 수가 없다. 그래서 방부제는 꼭 사용하여야 하며, 큰 문제가 없다면 다양한 방부제를 식품에 사용할 수 있도록 FDA에 로비를 한다. 동물에 미약한 부작용이 있더라도 사료 제조와 유통에 큰 도움이 된다면 그 첨가물은 사료에 첨가된다.

이러한 과정에서 FDA는 다양한 약품들을 직접 검사하지 않는다. FDA는 동물 실험을 비롯한 독성학적 연구를 전혀 실시하지 않으며, 이 모든 것을 생산업체에 전적으로 맡기고 단지 약품을 제조한 회사에서 제출한 시험 성적을 바탕으로 평가할 뿐이다.[51] 때로 그 제품에 대한 시험 성적은 제조 회사에 의해 조작되기도 한다.

식품 회사는 일단 승인을 받은 첨가물은 과학적으로 검증된 물질이며 FDA에 의해 안정성이 입증된 첨가물이라며 홍보한다. 이렇게 승인된 첨가물 중에서도 시간이 지나면서 위험성이 드러나 승인이 취소되는 물질도 있으며, 경미한 부작용은 여전히 무시되기도 한다. 그런 경미한 부작용 중 하나가 첨가물이 체내에 누적되었을 때 유발하는 가벼운 가려움증과 같은 것이다.

화학 첨가물들은 몸에 들어갔을 때 다음과 같은 문제를 야기한다. 첫 번째는 몸이 독성 물질을 제거해야 하기 때문에 생리 활동에 이용되어야 하는 에너지와 영양소를 소모해 면역력을 고갈시킨다. 두 번째는 몸이 제거할 수 없는 독소가 조직 내에 축적된다. 그리고 세 번째는 조직에 축적된 물질이 예기치 않는 방식으로 서로 상호 작용할 수 있다.[52] 하지만 허가 과정에서는 첨가물들이 다른 첨가물들과 함께 지속적으로 노출되었을 때의 문제는 고려되지 않고 있다.

또 사료 첨가제는 체내에서 활성 산소를 증가시킨다. 활성 산소는 체내의 이물질을 파괴하는 역할을 하지만, 활성 산소가 과다해졌을 때에는 이물질뿐만 아니라 자신의 정상 세포는 물론 면역체와 효소들까지도 무차별적으로 공격한다. 사료 첨가제 외에도 매연, 배기가스, 각종 환경 호르몬 등 활성 산소를 과다하게 발생시키는 것들은 아토피나 노화, 암 등을 유발한다.[53]

이러한 영향을 끼치는 다양한 사료 첨가물이 사료에 들어가기 때문에, 체질에 따라서 가려움이나 발적과 같은 아토피 증상들이 유발되는 것이다. 사료 첨가제가 만들어진 지는 몇 십 년밖에 되지 않는다. 지금도 해마다 수만 종의 새로운 사료 첨가제가 개발되고 있다. 생명은 웬만한 환경에는 적응하는 방향으로 진화를 해왔다. 하지만 생명체가 이 사료 첨가제에 적응하기에 몇 십 년의 시간은 너무나도 짧기 때문에, 적응을 하지 못하고 아토피와 같은 거부 반응을 보이는 것이다. 그리하여 식품 첨가제의 사용량이 늘어나는 것과 같은 시기에 아토피를 앓는 개들도 증가했다.

❸ 사료에 숨어 있는 또 다른 위험 물질 GMO

축산 폐기물과 사료 첨가제 못지않게 동물의 건강을 저해하는 요소가 GMO(Genetically Modified Organism, 유전자 변형 작물)다. GMO는 인류의 식량난을 해결하기 위해 개발했다고 하지만, 사람이 직접 먹을 수는 없고 거의 대부분은 동물의 사료로 사용되거나 식용유와 같이 식품 가공용 원재료로 사용된다. 미국에서 생산되는 GMO 곡물의 70%가 가축 사육에 소비되고 있다.

GMO를 개발한 몬산토와 같은 기업에서는 GMO의 안전성에 대하여, GMO는 일반 작물과 다를 것이 없으며 따라서 위험성도 없다고 주장한다. 하지만 GMO를 반대하는 단체에서는 GMO의 위험성을 꾸준히 제기하고 있다. 브릿 베일리와 마크 라페는 대두(콩)의 유전자 변형 종자인 '라운드업 레디(Roundup Ready)' 콩과 보통 콩을 비교한 결과, 보통 콩보다 피토에스트로겐(phytoestrogen)이라 불리는 식물성 여성 호르몬이 적게 들어 있다는 사실을 발견했다. 피토에스트로겐은 심장 질환, 골다공증, 유방암의 예방과 관련이 있는 것으로 알려져 있다.[54] 또 아르패드 퍼스차이는 쥐에게 유전자 조작 감자를 먹이는 실험을 했는데, 10일이 지난 뒤부터 쥐들의 건강에 이상 징후가 나타나기 시작했다. 면역 체계가 약해지거나 심장, 간, 신장, 뇌 등의 발달에 변화가 생긴 것이다.[55]

GMO가 개발되면서 우리가 보는 것이 전부가 아닌 세상이 되었다. 우리는 예전에는 콩은 콩이라고 여기고 옥수수는 옥수수라 여기며, 또 쇠고기는 쇠고기고 닭고기는 닭고기라고 여겼다. 그런데 모양은 옥수수나 콩이지만 실제로 옥수수나 콩이 아닐 수가 있다. 1996년 파이오니어하이브레드 사의 연구진은 브라질너트에서 추출한 단백질이 함유된 유전자 변형 콩을 연구했다. 이 유전자 변형 콩은 일반 콩에 비해 월등히 높은 영양학적 가치를 가질 것이라고 기대했다. 브라질너트는 많은 사람들에게 알레르기 반응을 일으키는 작물이었다. 그래서 이 브라질너트의 유전자가 들어간 유전자 변형 콩도 사람에게 알레르기 반응을 보이는지 실험을 한 결과, 이 콩 또한 알레르기 반응을 보였다.[56] 보기에는 콩이지만 그 안에 있는 단백질은 브라질너트의 성질을 갖고 있었다. 이와 같이 GMO 작물은 겉으로 보이는 것이 전부가 아닌 새로운 종인 것이다.

사람들은 자동차가 굴러가기 위해서 휘발유가 필요하듯이, 음식은 그저 내가 활동하기 위한 칼로리를 얻기 위한 소모품 정도로 생각한다. 휘발유는 자동차가 이동하도록 연소되고 사라진다. 자동차와 휘발유는 별개의 것으로 자동차는 자동차고 휘발유는 휘발유다. 사람들은 음식 또한 휘발유와 같다고 생각해왔다.

독일계 미국인 생화학자인 루돌프 쉰하이머(Rudolf Schoenheimer)는 방사선을 방출하는 중질소(N-15)가 함유된 로이신이라는 아미노산이 포함된 사료를 이용해 생체에서 아미노산이 이용되는 방식을 연구했다. 실험동물로는 어른 쥐를 사용했다. 어른 쥐는 다 자랐기 때문에 사료를 필요로 하는 에너지원으로만 사용하고 남은 찌꺼기는 모두 배출시킬 것이기 때문이다. 그런데 투여된 중질소 중 43.5%만 배설되고 나머지는 사라졌다. 나머지 중질소는 모두 어디로 간 것일까? 분석 결과 중질소는 장벽, 신장, 비장, 간을 포함한 온몸 곳곳에 퍼져 있었다. 투여된 중질소 가운데 무려 절반 이상인 56.5%가 몸을 구성하는 단백질 속으로 흡수되어 있었다.[57] 쥐를 구성하고 있던 몸의 단백질은 겨우 사흘 만에 식사를 통해 섭취한 아미노산으로 50%가량이 바뀌었다는 뜻이다. 이것은 먹는 음식과 유기체는 별개의 관계가 아니라는 것을 뜻한다. 흔히 말하듯이 먹는 것이 곧 나의 몸이 되는 것이다.

사료의 형태로 몸에 들어온 GMO는 단백질 형태를 하고 있지만 원래의 단백질이 아니다. 이러한 GMO가 몸에 들어와서는 기존의 몸을 구성하고 있던 단백질들과 서서히 교체된다. 이렇게 교체된 GMO는 원래의 단백질과는 무엇인가가 다르기 때문에 시간이 흐르면서 어떠한 문제가 발생할 것이라고, GMO를 반대하는 측에서는 주장하고 있다.

1996년 GMO가 보급된 이후 전 세계적으로 GMO의 생산량은 꾸준히 늘어났다. 그리고 그 GMO를 사용한 사료의 생산량도 꾸준히 늘어났다. 여기에서 최근에 증가하고 있는 아토피 환자와 GMO의 소비량 증가가 어떠한 연관 관계가 있을 것이라고 추정하는 것이 무리일까? GMO를 생산하는 기업은 GMO는 해롭지 않으며, GMO가 위험하다면 그 유해성을 증명해보라고 반대하는 측에게 이야기하고 있다. 하지만 GMO의 위험성을 증명해 보이는 것은 쉽지 않다.

프랑스 캉 노르망디 대학교의 세랄리니(Gilles-Éric Séralini) 교수팀은 실험용 쥐 2,000마리를 이용해 2년 동안 계속해서 GMO 옥수수와 GMO 콩을 먹이며 GMO의 영향을 연구한 결과, 면역력이 저하되고 그로 인해 유방암을 비롯한 각종 종양이 생긴다는 것을 밝혀냈다. 이 연구 논문은 미국의 저널 〈식품과 화학 독성학(Food and Chemical Toxicology)〉에 실렸는데 알 수 없는 이유로 철회되었다. 몬산토는 자신들이 생산한 GMO에 대해 부정적인 것은 그냥 두지 않는다. GMO나 FDA 그리고 과학적이라고 포장된 화학 물질들의 관계에 대해 좀 더 자세히 알고 싶은 분은 마리-모니크 로뱅의 《몬산토 죽음을 생산하는 기업》을 읽어보기를 강력히 권해본다. 충격적인 내용으로 가득 찬 책이다.

지구상의 생물은 자기 주변에서 단백질을 섭취해 자기 자신을 구성해왔다. 그런데 GMO는 생명체가 생명의 역사에서 자기 자신을 구성하는 데 사용하던 물질이 아니다. 앞의 브라질너트 유전자가 들어간 유전자 변형 콩처럼, 겉모양을 봐서는 GMO를 구분하지 못한다. 하지만 우리 몸의 면역 시스템은 GMO 단백질이 예전에 몸의 구성 성분으로 이용하던 단백질인지 아닌지 구분할 수 있다. 그리고 그것에 대한 거부 반응이 발생할 수 있다.

반려동물의 피부병 때문에 동물병원을 찾은 반려인들에게 사료의 문제를 이야기하면, 사료의 문제를 익히 알기 때문에 외국에서 들여온 사료를 먹이지 않고 국내에서 생산된 사료를 먹인다고 하는 분들도 있다. 미국에서 생산된 GMO 곡물의 최대 수입국이 우리나라와 일본이다. 2012년 593만 톤이 수입되던 사료용 GMO 곡물은 수입량이 점차로 급증해 2014년에는 약 1,000만 톤 가까이 되었다. 사료에 사용되는 대부분의 수입 옥수수와 콩이 GMO라고 생각하면 틀리지 않다. 즉, 국내에서 만들어진 사료라고 하더라도 GMO의 문제에서 자유로울 수는 없다.

피부를 손상시키는 계면 활성제

반려동물의 피부를 손상시키는 또 하나의 원인은 합성 계면 활성제가 들어간 샴푸이다. 샴푸나 비누는 물과 오일을 기본 재료로 하여 만들어진다. 그런데 우리가 흔히 어울릴 수 없는 사이를 '물과 기름 사이'라고 말하는 것처럼 물과 기름은 섞이지 않는다. 이렇게 섞이지 않는 오일과 물을 섞이도록 도와주는 것이 계면 활성제이다. 또 계면 활성제는 물과 섞이지 않는 기름때를 쉽게 물에 섞여 떨어질 수 있도록 도와주고 거품이 많이 나도록 해준다. 이런 계면 활성제 중에서 합성 계면 활성제는 지방을 녹이는 성능이 강하여, 피부의 보호막을 형성하고 있는 피부 지방층을 제거해 장기적으로 사용했을 때 피부를 손상시킨다.

피부는 바깥쪽에서부터 각질층, 투명층, 과립층, 유극층 그리고 기저층으로 이루어져 있다. 이 중 각질층은 표피라고 불리며 피부의 가장 바깥층으로서 동물과 외부 환경 사이의 중요한 장벽을 이루어, 피부의 구조를 지지하고 외부로부터 미생물과 유해 환경이 침입하는 것을 막아주는 역할을 한다. 또 피부의 수분이 증발해 건조해지는 것을 막아주는 역할도 한다. 이때 중요한 것이 보습 성분들이다. 각질 세포에는 아미노산 등과 같은 수용성 보습 성분이 있으며, 진피의 세포간지질(intercellular lipid)에는 세라마이드와 콜레스테롤을 주성분으로 하는 지용성 보습 성분이 있다.[58] 이 보습 성분은 수분과 유분이 겹겹이 여러 층을 이루며 보습막을 형성한다. 이러한 성분들을 '천연 보습 인자'라고 하며, 피부의 수분 증발을 막아주는 중요한 역할을 한다.[59]

이 천연 보습 인자는 건물의 튼튼한 벽처럼 '벽돌 + 모르타르'라는 구조를 이루어 바깥의 병원균이 피부 안으로 들어오지 못하도록 막아주고, 또 피부 안의 수분이 빠져나가지 못하도록 막아준다. 그런데 합성 계면 활성제가 이렇게 보습 역할을 해주는 지용성 보습 성분을 녹여서 제거함으로써 피부의 튼튼한 벽이 무너지게 된다. 피부를 보호하고 있던 보호막이 무너짐에 따라 피부의 수분은 증발해 건조해지고 가려움증은 심해진다. 이러한 상태가 심해지면 손상 받은 각질 세포가 많이 떨어지면서 비듬이 많아지게 된다.

또 대부분의 합성 계면 활성제에는 에스트로겐이 함유되어 있는데, 에스트로겐은 임파구의 세포성 면역을 담당하는 Th1세포와 Th2세포의 밸런스를 무너뜨려 알레르기 증상을 더욱 악화시킨다.[60]

샴푸에 들어가는 합성 계면 활성제뿐만 아니라 약샴푸의 사용에도 주의가 필요하다. 피부가 안 좋은 반려동물은 동물병원에서 살균 성분이 들어간 약샴푸를 처방한다. 이러한 살균 성분은 피부에 있는 모든 균들에게 작용하게 된다. 앞에서 살펴본 것과 같이 개의 피부에는 해로운 병원균도 있지만, 그것보다 면역력에 도움을 주는 훨씬 더 많은 정상균총이 있다. 피부의 정상균총은 피부에 살면서 피부를 곰팡이나 효모균, 잡균 등으로부터 보호하는 역할을 한다. 그런데 약샴푸에 포함된 살균 성분은 이러한 균들까지 모두 죽이게 된다. 그럼으로 인해 피부 면역력을 더욱 저하시켜, 아토피의 염증 반응이 있을 때는 증세가 더욱 심해지게 된다. 세균의 감염이 심한 경우에는 단기적으로 약샴푸가 도움이 될 수 있다. 하지만 약샴푸를 장기간 사용하는 경우 피부가 더욱 건조해지고 면역력이 저하되므로 장기간 사용하는 것은 주의해야 한다.

반생명적인 주거 환경

인간에게 생존을 위해 중요한 것 세 가지를 꼽으라고 한다면 말할 것도 없이 의식주이다. 동물도 마찬가지다. 다만 동물은 체온을 보호해주는 털이 있기 때문에 옷은 필요 없다. 동물의 생명 활동에 큰 영향을 끼치는 것은 먹는 것과 함께 주거 환경이다.

요새는 많은 사람들이 아파트에 살고 있다. 그에 따라 사람과 함께 사는 개도 아파트에 살고 있다. 이 아파트라는 공간은 생활에는 편리할지 모르지만 그다지 친생명적인 공간은 아니다. 아파트는 철골과 콘크리트로 기본 구조물을 만들고 다양한 외장재를 사용해 인테리어를 한다. 여기에 사용하는 콘크리트를 포함한 다양한 외장재들은 사람들이 생각하는 것만큼 건강에 무해한 재료들이 아니다.

새로 지은 아파트에 들어가면 많은 사람들이 바로 가려움증을 느낀다. 이것을 새집 증후군(sick building syndrome)이라고 하는데, 이는 신축 건물의

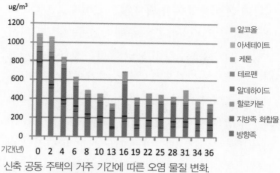

신축 공동 주택의 거주 기간에 따른 오염 물질 변화.
그림 출처: 국립환경과학원, 2009.

마감재나 건축 자재에서 배출되는 휘발성 유기 화합물(VOCs)들 때문이다. 아파트와 같은 건축물에서 피부염과 알레르기 반응을 일으킬 수 있는 대표적인 물질은 포름알데하이드이다. 포름알데하이드는 단열 재료, 석고 보드, 합판, 접착제, 착색제, 방부제, 방충제, 방염 가공제, 가구, 카펫, 커튼 등 다양한 소재에 사용된다. 포름알데하이드는 낮은 농도에서는 점막과 피부를 자극할 수 있고, 장기간 노출되는 경우 피부염 및 천식, 만성 기관지염 등을 유발할 수 있다. 새로 지은 아파트는 공사가 끝난 지 얼마 되지 않아 가구나 벽지, 장판지, 또 벽지를 붙일 때 사용한 접착제 등에서 배출된 휘발성 유기 화합물이 고농도이기 때문에 많은 사람들이 가려움증을 느낀다. 사람들은 이런 문제를 야기하는 휘발성 유기 화합물이 몇 년만

135

지나면 더 이상 문제가 되지 않을 것이라고 생각하지만, 앞의 도표 〈신축 공동 주택의 거주 기간에 따른 오염 물질 변화〉와 같이 오염 물질은 오랫동안 방출되며 건강에 지속적으로 영향을 끼치게 된다.[61]

아파트의 붙박이 가구에 사용하는 목재도 아토피를 유발하는 주요 소재이다. 톱밥에 접착제를 섞어서 만든 목재로 제작하는 가구는 단위 면적당 방출하는 포름알데히드의 양에 따라 등급을 매기는데, 0.3mg/L 이하면 'SE0', 0.3~0.5mg/L이면 'E0', 0.5~1.5mg/L이면 'E1' 등급이다. 유럽 연합에서는 약 0.4mg/L 이하인 목재만 실내 가구용으로 허용되지만, 우리나라는 아직도 규제가 미약해 많은 양의 유해 물질을 내뿜는 목재가 가구에 사용되고 있다. 특히 아파트를 짓는 건설사들은 더 많은 이윤을 남기기 위해 포름알데히드를 내뿜는 저가의 목재를 사용해 문틀과 문짝, 빌트인 가구 등을 제작한다.[62]

아파트에 사용되는 시멘트도 고민을 해봐야 한다. 원래 시멘트는 석회석에 점토, 철광석, 규석을 섞어 유연탄으로 1400°C의 고온에 태워서 만든다. 그러나 지금은 '쓰레기 재활용'이라는 이름으로 점토 대신에 석탄재와 하수 슬러지(sludge), 소각재, 각종 공장의 오니가 사용되고, 철광석과 규석 대신에 제철소 고철에서 나온 슬래그(slag)를 사용하고,

유연탄 대신에 폐타이어, 폐고무, 폐비닐, 폐유를 사용해 만드는 시멘트도 많다.[63] 이런 방식으로 산업 폐기물을 이용해 만든 시멘트에는 비소, 크롬 등과 같은 중금속이 다량 포함되었다. 실제로 2007년 국립환경과학원의 조사에 의하면 489ppm의 비소와 1만 1,800ppm의 납이 검출된 시멘트도 있었다.[64] 이러한 재료로 만들어진 집에서 산다는 것은 유해 물질에 지속적으로 노출되는 것이므로 민감한 사람은 아토피 증상을 보이게 된다. 실제로 쓰레기 시멘트로 인한 아토피의 문제를 제기한 신문 기사도 있다. 〈문화일보〉는 "아파트에 본격 사용 뒤 피부염 환자 급증"이라는 제하의 기사에서 "쓰레기 시멘트가 본격적으로 사용된 2001년 이후 신축된 아파트는 전체 아파트 가구의 26.7%에 달한다. 이 기간 중 19세 이상 인구 1000명당 아토피성 피부염 유병률은 2001년 5.07명에서 2005년 70.08명으로 13배 이상 증가했다."고 보도했다.[65] 새집 증후군을 비롯해 주거 환경으로 인한 영향은 후각이 훨씬 발달한 반려동물에게는 더 민감한 증상으로 나타난다.

또 일본 시즈오카 대학의 아리마 교수와 미즈노 히데오 교수가 실시한 시험에 따르면 나무 상자에 사육한 실험 쥐의 새끼 생존율은 85%에 달했지만, 콘크리트 환경에서 사육한 실험 쥐의 새끼 생존율은 10% 이하로 떨어졌다. 그것은 콘크리트가 목재에 비해 열전도율이 10배 이상으로 높아서 새끼의 체온이 급격히 떨어졌기 때문이다. 또 어미 생쥐도 새끼에게 젖을 먹이는 시간이 짧아졌는데, 이것은 어미 생쥐들 또한 차가운 콘크리트로 인한 '냉열 스트레스' 때문이라고 했다. 이러한 냉열 스트레스는 개체의 면역력을 저하시키는 것으로 나타났다.[66] 그뿐 아니라 아파트는 콘크리트와 유리창으로 외부와 완벽하게 차단되어 있다. 그로 인해 통풍도 잘 되지 않고 그와 함께 습도에도 문제가 생길 수 있다. 그런 요소들 또한 아토피를 악화시킬 수 있다.

먹는 것만으로 아토피의 증상이 완전히 사라지지 않는다면 주거 환경 또한 고민을 해보아야 한다. 아기가 아토피가 심한 경우 아기의 방에 있는 도배지를 모두 걷어내고 편백나무 벽지로 도배하는 엄마들도 있다. 그것은 콘크리트에서 배출되는 유해물질을 차단하고 편백나무에서 나오는 피톤치드가 면역력 증진에 도움이 된다고 생각하기 때문이다. 이들 엄마와 같이 개가 아토피로 많은 고생을 하고 있다면 아토피에 영향을 끼칠 수 있는 다양한 요인들을 고민해보아야 한다. 아파트라는 주거 공간이 확산된 시점도 1980년대 이후라는 것을 기억해두면 좋을 것이다.

그 밖의 아토피 요인들

아토피를 유발하는 가장 큰 원인은 먹는 것들이다. 먹는 것들을 통해서 몸으로 들어오는 알레르겐만 차단해주어도 몸의 상태는 눈에 띌 만큼 좋아진다. 하지만 그 외에도 현대를 살아가는 우리의 주변에는 다양한 알레르겐들이 있다. 개들에 따라 다양한 알레르겐으로 인해서 아토피 증상을 일으킬 수 있으므로, 원인이 될 수 있는 것들을 찾아서 최대한 제거해주어야 한다.

먹는 것이나 직접 피부에 접촉하는 것 못지않게 아토피에 큰 영향을 끼치는 것은 호흡하는 공기이다. 신체에 대한 공기의 영향은 예로부터 관심의 대상이었으며, 전통 한의학에서는 공기를 들이쉬는 폐가 피부와 연관이 있다고 보았다. 공기를 오염시키는 물질들은 폐를 통해 신체에 영향을 끼친다. 우리가 흔히 접할 수 있는 공기 오염원으로는 페인트, 도배 마감재, 인공 향수, 방향제, 실내 세정제, 살충제, 가구의 접합제 등 다양하다.

그 밖에 아토피를 유발할 수 있는 물질로는 치약, 살리실산염이 많이 함유된 식품, 세제, 비누, 라놀린, 포름알데하이드, 방향족 아민, 염료, 가구 보존제와 같은 것들이다. 특히 벽지를 새로 했거나 가구를 새로 들인 경우, 또 장판지를 새로 깐 경우 접착제 성분이 개의 아토피를 유발할 수 있다. 그러한 요인들이 아토피의 원인으로 의심된다면 원인들을 제거해주어야 한다.

또 곰팡이로 불리는 진균은 병원체로 작용해 알레르기성 기관지폐진균증, 알레르기 진균성 부비동염, 알레르기 비염, 천식 등을 일으킨다. 하지만 진균에 대해서도 앞에서 이야기한 세균, 그리고 진드기와 같은 식으로 접근을 해야 한다. 진균도 생태계에서 물질의 순환을 위해 중요한 존재이고, 모든 생명은 진균이 있는 환경에서 진화를 해왔다. 진균이 있다는 것 자체가 아토피 증상을 일으키지는 않는다. 진균에 의해서 아토피 반응을 보인다면 그것은 진균이 과다하게 증식된 환경과, 주위 환경에 존재하는 진균에 대해 제대로 대처를 하지 못하도록 저하된 면역력에 문제가 있는 것이다. 이 문제를 해결하기 위해서는 환경을 개선해주는 것 못지않게 면역력을 높이도록 노력해야 한다. 진균은 통풍이 잘 안 되고 습한 환경에서 급속히 번식한다. 그러므로 수시로 통풍을 시켜주고, 집 안으로 빛이 들어오도록 창문과 커튼을 열어 살균을 시켜주는 것이 좋다.

실외의 대표적인 알레르겐은 화분(꽃가루)으로 이 알레르겐은 알레르기 비염, 결막염, 천식 등의 아토피 질환을 유발한다. 화분은 화분증(꽃가루병, pollinosis)을 일으키고 관련된 질환으로는 알레르기 비염, 알레르기 결막염, 천식 등이 있다. 1980년대 이래 공중 화분과 아토피 질환 및 호흡기 질환과의 연관성에 대한 연구가 많이 보고되고 있다. 실외의 자동차 배기가스를 비롯한 다양한 원인으로 오염된 공기도 아토피의 원인이 된다. 최근에 심각한 문제가 되고 있는 미세 먼지 또한 주요한 아토피 원인이다.

그리고 물질적인 것 못지않게 심리적인 상태도 피부에 많은 영향을 끼친다. 개의 성격에 따라 혼자 있는 것을 견디지 못하거나 반려인과의 관계에서 불안을 느끼는 것과 같은 정신적 스트레스도 가려움증이 심해지는 원인이 된다. 분리 불안을 느끼는 개들 중에는 피부로 피가 스며 나올 때까지 심하게 긁거나 깨무는 개도 있다. 이러한 개들은 지속적으로 반려인이 스킨십을 해주거나 불안감을 해소시켜주면 아토피 증상이 완화된다.

또 아토피를 앓고 있는 코커스패니얼 종이 적지

않다. 코커스패니얼이나 슈나우저와 같이 몸집이 큰 개들은 다른 개들보다 좀 더 신경을 써주어야 할 것이 있다. 그것은 바로 운동이다. 몸집이 작은 개들은 집 안에서도 충분할 정도는 아니지만 운동을 할 수가 있다. 하지만 코커스패니얼처럼 몸집이 어느 정도 있는 개들은 집 안에서는 충분한 운동을 할 수가 없다. 따라서 몸집이 큰 개들은 반드시 집 밖에 나가 운동을 시켜주어야 전신적인 건강을 유지할 수가 있다. 이러한 개들이 좁은 집 안에서만 생활할 때, 그것 자체가 커다란 스트레스 요인이 되고 면역력을 저하시키는 원인이 된다. 그러므로 코커스패니얼과 같이 몸집이 있는 개들은 어렸을 때부터 규칙적으로 집 밖으로 데리고 나가 산책을 시켜주어야 한다. 다만 미세 먼지가 심한 날은 산책을 피하는 것이 좋고, 자동차 도로 옆으로 산책 코스를 잡는 것도 되도록 피해야 한다. 미세 먼지나 자동차 배기가스 또한 아토피를 심화시키는 요인들이기 때문이다.

Tip 개, 고양이가 아토피의 원인인가

　동물병원에서는 개나 고양이를 아토피의 원인이라며 없애야 한다는 이야기를 하지 않는다. 하지만 사람병원에서는 아토피 때문에 병원에 가면 집에서 반려동물을 기르고 있는지를 꼭 묻는다. 반려동물을 기르고 있다고 하면, 반려동물이 아토피의 원인이기 때문에 치워버리라고 조언한다. 이러한 의사들의 조언은 의사 개인적인 시각이 아니다. 반려인 대상으로 실시된 한 설문 조사에 따르면 41.1%의 응답자가 의사에게서 반려동물을 없애라는 이야기를 들었다고 한다.[67]

　반려동물과 아토피의 관계에 대한 연구는 여러 가지가 있다. 반려동물이 있는 경우 아토피 반응이 심하다는 연구 결과도 있지만, 그에 못지않게 반려동물을 키웠을 때 아토피에 대한 면역력이 더 증가했다는 연구 결과도 있다. 독일 국립환경보건센터는 3,000명 이상의 어린이를 대상으로 출생 때부터 6세까지의 건강 상태를 조사했다. 그 결과, 가정에서 개를 키우는 경우, 아이들은 꽃가루와 같이 천식과 비염, 습진 등을 유발하는 성분에 대해 덜 민감한 것으로 나타났다. 즉, 같은 양의 알레르기 유발 인자에 노출되더라도, 개를 키우지 않는 아이들보다 천식이나 습진 등에 걸릴 위험이 낮았다. 연구팀은 "어릴 때부터 개의 털에 묻어 온 세균에 노출된 아이들은 자연히 면역 체계를 강화시키게 된다."며 "그 덕분에 먼지나 공해 등의 알레르기 유발 인자들에 인체가 민감하게 반응하지 않는 것"이라고 설명했다. 이 밖에도 동물과 함께 자란 아이들이 아토피 반응을 덜 보인다는 많은 연구 결과가 있다.

　아토피는 1990년대 이후에 급증한 질병이다. 개와 고양이가 아토피의 원인이 되려면 개나 고양이를 키우는 사람들이 1990년대 이후에 늘어났어야 한다. 그러나 인간은 다른 동물들과 몇 천 년 동안 같이 살아왔다. 1960년대 이전 우리가 농촌 사회였던 때에 많은 집에서는 개와 소, 돼지, 닭, 토끼, 오리 등의 동물을 키웠다. 그런데 그때에는 아토피로 인한 문제가 없었다.

아토피는 1990년대 이후에 급격히 증가하기 시작한 환경병이고 현대병이다. 물론 더러는 고양이 털에 알레르기 반응을 보이는 경우도 있지만, 수천 년 동안 인간과 같이 살아온 동물을 아토피의 원인이라 단정 짓는 것은 옳지 않다.

4부
개 아토피 바꾸면 낫는다

면역력, 자연치유력 회복이 우선이다

■ 생명은 건강하게 살도록 진화해왔다

자연에는 헤아릴 수 없이 많은 동물이 살고 있다. 그중 영양 결핍 상태에 있거나 노쇠한 동물을 제외한 대부분의 동물은 건강한 삶을 살아간다. 아토피를 앓는 동물은 없다. 아토피를 비롯해 만성적인 질병을 앓고 있는 동물은 자연계에서 사람과 사람이 기르는 동물밖에 없다.[68] 어떻게 자연계의 동물은 그렇게 건강한 삶을 살아갈 수 있는 것일까?

답은 명료하다. 생명은 자신이 살아가고 있는 주변 환경에 적응해 건강하게 살도록 진화해왔기 때문이다. 모든 생명에게는 스스로 건강을 유지하는 능력이 있고, 어딘가 좋지 않은 곳이 있다면 스스로 치유하는 능력이 있다. 그것이 생명력이고 자연치유력이다. 인도에서 5,000년 이상 활용되고 있는 아유르베다 의학(Ayurvedic Medicine)은 "모든 인간

은 스스로 자신의 질병을 치유할 수 있는 능력을 갖고 있다."고 말한다.[69]

② 면역력과 자연치유력이 무력해진 까닭

이렇듯 자연의 생명은 스스로를 치유하는 능력이 있다. 그런데 왜 현실에서는 재발하는 아토피로 고생하는 개들이 이토록 많은 것일까? 이는 개들의 면역력과 자연치유력이 제 기능을 발휘하지 못하게 되었기 때문이다. 그 원인은 자연이 아닌 인간에 의해 조성된 환경에서 찾을 수 있다. 그중에서도 개의 먹거리, 즉 사료의 문제는 간과해서는 안 될 문제이다.

《최대 치유(Maximum Healing)》의 저자인 로버트 실버스타인(H. Robert Silverstein) 박사는 나쁜 음식, 공기, 물 등을 통해 체내에 유입되는 독소들과 설탕, 유해 지방 등은 암, 당뇨병, 관절염, 심장병 등의 대표적 성인병을 유발하는 원인이 된다고 이야기한다. 알레르기, 천식, 아토피 등 면역 과잉 반응의 원인도 이것들이라고 한다.[70] 이것은 반려동물도 다르지 않다.

우리가 모르는 사이에 음식과 함께 섭취하는 독소들은 우리 몸의 면역 세포 사이의 상호 작용과 신호 전달을 방해하고 이들의 정상적인 활동을 위축시킨다. 그렇게 모든 면역 주체들의 활동을 취약하게 만들어 여러 가지 질병의 원인을 제공한다. 그러므로 몸을 건강하게 유지하기 위해서는 우선적으로 몸에 들어오는 유해한 것들을 막아야 한다.

❸ 면역력과 자연치유력을 회복시키기 위해

면역력과 자연치유력을 회복시키기 위해 가장 먼저 개선해야 할 것은 유해한 먹거리를 막아내는 것이다. 현재 먹거리의 문제점은 먹거리의 재료를 생산하는 과정을 봐도 여실히 드러난다. 축산 부산물과 사료 첨가물에 대한 고민은 말할 것도 없고, 관행농(유기농이나 친환경 농업과 구별해서 쓰는 말)과 공장식 축산으로 키워진 야채류와 축산물에 대해서도 많은 고민을 해야 한다. 관행농은 제초제나 살충제로 채소를 키우고, 공장식 축산은 열악한 환경에서 항생제들을 먹여서 가축을 키운다. 이런 환경에서 자란 채소나 과일 그리고 축산물은 스스로 주변 환경을 이겨내는 데에 필요한 면역 물질이 생성되지 않는다. 우리가 흔히 이야기하는 온실 속의 화초와 같은 존재들이다. 생물은 자기가 먹는 것으로 이루어진다. 그래서 '먹는 것이 나다' 라는 이야기도 있다. 그런데 관행농과 공장식 축산으로 키워진 채소와 가축에는 내 몸의 면역력을 높여줄 그런 면역 물질이 별로 없다. 이렇게 면역 물질이 고갈된 재료로 만든 사료를 먹는 개가 만성적인 아토피에 시달리는 것은 그리 이상할 것도 없는 결과라 할 수 있다.

유기농은 살충제나 항생제를 사용하지 않고 농작물이나 가축 스스로 외부의 환경을 이겨내도록 키운다. 그렇기 때문에 유기농 농축산물은 다양한 면역 물질을 함유하고 있다. 비료와 농약으로 재배하는 관행농으로 키워진 농축산물은 보기에도 좋고 크기도 크며 또 생산량도 많다. 하지만 그런 농축산물로는 단백질이나 탄수화물로 이뤄진 껍데기만을 섭취한다고 해도 과언이 아니다. 그에 반해 유기농은 살충제와 제초제를 사용하지 않기 때문에 농작물에 벌레가 끓어 상처를 입은 것도 많고 생산량도 관행농에 비해 적다. 또 일일이 사람의 손이 가야 하기 때문에 생산비도 관행농에 비해 높다. 그래서 유기농은 비쌀 수밖에 없다. 그럼에도 불구하고 경제적인 여력이 된다면 아토피를 앓는 개의 먹거리는 유기농으로 준비하는 것이 좋다.

반려인들 중에 사료나 간식의 문제를 인식한 사람들이 늘어났지만, 문제는 이미 사료나 간식 시장이 '악화가 양화를 구축한' 상태라는 것이다. 반려인들의 문제의식이 높아져서 인터넷에서 나름 좋은 사료를 고른다고 고르는 것이 '홀리스틱(Holistic)'이나 '유기농(Organic)'이라고 표시된 사료들이다. 이렇게 소비자의 욕구가 높아지자 대형 마트에서 파는 사료들도 거의가 'Holistic'이나 '유기농'이라고 포장되어 있다. 그럼 그런 사료를 먹이면 개들의 피부가 좋아질까? 문제는 그렇지 않다는 것이다.

유기농이나 홀리스틱이라고 포장된 사료를 먹여도 개의 피부가 그다지 좋아지지 않는다는 걸 알게 된 반려인들은, 나중에는 유기농 사료나 홀리스틱 사료가 일반 사료와 다를 것이 없다고 생각한다. 이것은 반려인들이 정말 좋은 사료를 경험해보지 못했기 때문에 드는 생각이다. 지금은 제조 회사가 없어져 수입되지 않지만, 예전에 어떤 유기농 사료가 있었다. 아토피에 대한 고민을 많이 하고 이 문제를 풀 수 있는 방법이 무엇일까 고민을 거듭하면서 알게 된 사료였다. 그 사료는 가격이 다른 사료에 비해 비쌌다. 그래서 처음에 반려인들에게 판매할 때 비싸다는 불평을 많이 들었다. 그런데 한번 그 사료를 먹여본 반려인은 대부분 만족을 했다. 그리고 반려인들에게서 이런 이야기들을 많이 들었다.

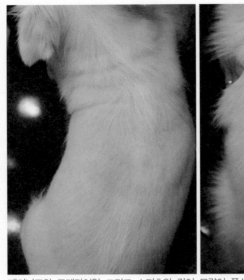

페키니즈와 포메라이안 그리고 스피츠와 같이 모량이 풍성한 개들 중에는 털을 깎은 후 털이 제대로 자라지 않는 경우가 있다. 이런 경우 질이 좋은 먹이로 바꿔주는 것만으로도 자라지 않던 털이 풍성하게 자란다. 이것이 자연치유력이다.

"우리 애가 예전에는 매일 잠만 자고 사람이 들어가도 꼼짝도 하지 않고 누워서는 눈만 왔다 갔다 했는데 사료를 바꾸고 나서는 식구가 들어오면 좋다고 쫓아다녀요. 아이가 회춘했나봐요."

"우리 아이는 매일 활기가 없고 무기력했는데 눈에 총기가 돌고 활달해졌어요."

"예전에는 매일 발가락을 핥거나 여기저기 긁는 것이 일이었는데 언젠가부터 발가락을 핥지 않아요."

"아이의 털이 윤기가 없고 푸석푸석했는데 털에
윤기가 나요."

"우리 아이는 나이가 들어서 털이 하얘진다고 생
각했는데 털빛이 짙어졌어요."

"우리 애는 포메라니안인데 언젠가부터 미용을
하고나서는 털이 자라지 않아 보기 안 좋았는데 지
금은 털이 밤송이처럼 되고 빛깔도 진해져서 너무
보기 좋아요."

"우리 애는 매일같이 눈물을 많이 흘려 눈 주변
이 항상 지저분했는데 먹는 걸 원장님이 추천해준
걸로 바꾼 후로 눈물도 별로 나지 않고 눈 주변이 깨
끗해졌어요."

반려인들로부터 이런 이야기를 반복해서 듣다보
니, 생명에게 먹거리가 정말 중요하다는 내 생각에
더 깊은 확신을 갖게 되었다. 실제로 어느 사료 회
사가 실시한 가공 과정을 최소화한 사료를 먹였을
때 반려동물에게 일어난 변화를 조사한 결과는 다
음과 같았다.[71]

반려동물의 78.9%가 삶의 질이 개선되었고,
76.3%는 피부와 털 상태가 좋아졌다. 또 54.5%가
가려움증이 감소되었으며, 72.5%는 증상이 사라지

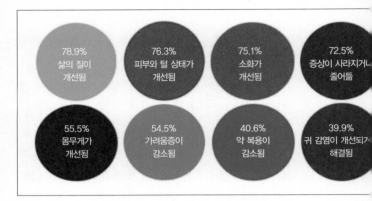

78.9%
삶의 질이
개선됨

76.3%
피부와 털 상태가
개선됨

75.1%
소화가
개선됨

72.5%
증상이 사라지거나
줄어듦

55.5%
몸무게가
개선됨

54.5%
가려움증이
감소됨

40.6%
약 복용이
감소됨

39.9%
귀 감염이 개선되거
해결됨

거나 줄어들었고, 39.9%는 귀 감염이 개선되었다.
그리고 40.6%는 약 복용 또한 감소되었다. 이것은
내가 경험한 것들과 비슷한 이야기들이다. 이와 같
이 반려동물의 먹거리를 좋은 것으로 바꾸는 것만
으로도 반려동물은 스스로 좋아진다.

동물병원에 내원한 개들 중 먹거리를 개선하면
서 아토피 문제가 해결되는 경우가 80% 이상 되는
것 같다. 나머지는 다른 여러 복합적인 요소들이 관
여한다. 그 원인을 찾는 것은 쉽지 않다. 하지만 그
런 개들도 다른 원인을 찾기 전에 먹거리 문제는 반
드시 해결해야 한다. 건강한 생명을 위해 가장 중요
한 것은 건강한 먹거리를 먹는 것이다. 먹는 것이
약이 되기도 하고 독이 되기도 한다.

시중에는 많은 사료들이 수입되어 판매되고 있

다. 또 국내에서 생산되는 제품들도 많다. 이들 사료의 품질은 천차만별이다. 대부분의 사료에 문제가 많지만, 그중에는 정말로 좋은 사료를 만들겠다는 신념으로 좋은 재료로 만들어진 질 좋은 사료도 있다. 반려동물의 아토피를 개선하기 위해 자연치유력과 면역력을 회복하려면 힘이 들더라도 좋은 먹거리를 찾아서 먹여야 한다. 그것이 아토피로부터 탈출하기 위한 가장 중요한 부분이자 첫걸음이다.

건강을 되살리는 먹거리

■ 사료에 대한 편견들

먹거리가 중요하다는 것을 반복해서 이야기했다. 그만큼 아토피 탈출을 위해서는 중요하기 때문이다. 그럼 어떤 먹거리가 좋은 먹거리이고, 어디에서 구할 수 있을까? 그것을 찾는 것이 쉬운 일이 아니다. 시중에 판매되는 사료나 간식들은 유효 기간이 1년 이상이다. 음식물이 썩지 않고 1년 동안 유지되는 것은 제품에 방부제가 들어가 있기 때문이다. 또 사료와 간식에는 제조 과정상 필요하기 때문에 여러 가지 사료 첨가물이 들어간다. 그러한 사료 첨가물들이 보통 개에게는 문제가 없겠지만 민감한 개에게는 아토피 증상을 일으킨다. 아니 그런 사료 첨가물로 인해 아토피 증상을 일으키는 것은 민감한 개이기 때문이 아니라 당연하고 정상적인 반응이다. 사료 첨가물로 사용되는 화학 약품들은 사료

업체가 사료 제조 공정상 필요하거나 유통 기간을 확보해 이윤을 극대화하기 위해 첨가하는 것이지 개의 건강을 위해서 첨가하는 것이 아니다. 사료 첨가물들은 건강에 '큰 문제'를 일으키지 않기 때문에 허가를 받을 수 있었던 것이지, '아무 문제'를 일으키지 않는다고 해서 허가를 받은 것들이 아니다. 또 이들 물질은 생물이 진화의 오랜 시간을 두고 분해하는 방법을 익힌 적이 없는 것들이다.

사료 첨가제는 사료 회사에는 커다란 이윤을 가져다주고, 동시에 소비자는 저렴한 가격에 사료를 구입할 수 있도록 해주었다. 하지만 사료 첨가제는 아토피의 주요 원인이 된다. 그렇기 때문에 아토피 증상을 일으키는 개들에게는 방부제를 포함해 사료 첨가물이 들어가지 않은 사료나 간식을 먹여야 한다. 그런데 시중에서 그런 제품을 찾기가 쉽지 않다. 요즈음 사료나 간식의 문제를 인식하는 반려인들이 늘어나면서, 사료나 간식을 직접 만들어서 먹이거나 누군가 가내 수공업 식으로 만든 것을 구입해 먹이는 사람들도 늘고 있다. 그것이 '수제 사료'와 '수제 간식'이다. 신선한 재료를 사용하고 방부제를 비롯한 첨가물을 넣지 않은 수제 사료와 수제 간식은 개의 건강을 위해서 좋다. 수제 사료는 일반적인 사료보다 가격이 비싸다. 많은 일반 사료들이 축산 부산물 등 값싼 재료로 만들어지고 또 방부제 사용으로 유통 기간을 늘려 생산 단가와 유통 비용을 낮출 수 있었던 것에 비하여, 대부분의 수제 사료는 신선한 재료를 사용하고 유통 기간이 짧기 때문에 가격이 비쌀 수밖에 없다.

수제 사료나 수제 간식을 집에서 만들어 먹일 수 있다면 그리하는 것도 좋다. 단, 영양이 편중되어서는 안 된다. 포도나 양파 그리고 초콜릿과 같은 먹어서는 안 되는 재료를 넣어서도 안 된다. 이런 음식들은 개에게 심각한 문제를 일으킨다. 또 우유, 달걀, 치즈, 첨가제가 들어간 식품과 정제 설탕을 비롯한 화학조미료는 삼가는 것이 좋다.

사료에 대한 문제의식이 높아지면서 방부제를 비롯한 사료 첨가물을 넣지 않은 수제 사료를 생산해 판매하는 곳도 늘어나고 있다. 그런데 수제 사료라고 모두 믿고 먹일 수 있는 것은 아니다. 기존 사료들은 사료 첨가제와 같은 문제는 있을지언정 영양학적인 면이나 위생적인 면 등은 어느 정도 검증이 되어 있다. 하지만 수제 사료는 개인이 만들어 판매함으로써 영양적인 측면이나 위생적인 측면이 검증되지 않은 것도 있다. 또 수제 사료에 대한 관심이 높아지면서 돈벌이를 위해 이름만 수제 사료인 제품을 생산하는 곳도 있다. 그러므로 수제 사료라고 해도 꼼꼼히 따져보면서 선택해 먹여야 한다.

Tip 개에게 먹이면 안 되는 음식

■ 포도: 급성 신부전을 일으킬 수 있다. 건포도가 들어간 음식도 안 된다.

■ 양파: 적혈구를 파괴해 빈혈을 일으킨다. 특히 짜장면에 들어 있는 양파를 먹고 양파 중독으로 동물병원을 찾는 경우가 많다.

■ 초콜릿: 초콜릿에 포함된 테오브로민 성분은 심장 발작, 근육 경련 등의 증상을 일으킬 수 있다.

■ 자일리톨: 개에게서 인슐린 분비를 자극해 저혈당을 유발할 수 있고 간에 손상을 준다.

■ 알코올음료(술): 술에 포함된 에탄올은 구토, 발작, 뇌 손상 등을 일으킬 수 있다.

■ 감자와 토마토의 푸른 부분: 감자와 토마토의 푸른 부분에는 솔라닌이 함유되어 있어 독성을 일으킬 수 있다.

■ 사과 씨: 사과 씨에는 시안화물이 있어 독성이 있다.

■ 카페인: 커피, 차, 초콜릿 등에 포함된 카페인을 다량 섭취하는 경우 구토, 호흡 곤란, 경련 등의 증상을 일으킨다.

■ 아보카도: 아보카도에 포함된 퍼신(Persin)은 호흡 곤란 증상을 유발한다.

■ 우유와 유제품: 설사와 알레르기를 일으킬 수 있다.

■ 날달걀: 조리되지 않은 달걀의 흰자에 있는 아비딘(avidin)이라는 단백질은 비타민B의 흡수를 방해한다.

■ 오징어: 소화가 잘 되지 않아 배탈을 일으킬 수 있다.

■ 브로콜리: 과량 섭취 시 독성을 유발한다.

■ 돼지고기와 같이 기름기 많은 음식: 췌장염과 대장염의 원인이 된다.

■ 닭뼈와 생선뼈: 장 손상을 일으킬 수 있다.

동물병원에 내원한 반려인들 중에 사료에 대한 해답을 찾지 못해 너무 힘들어하는 경우, 사람이 먹는 음식을 먹이라고 권한다. 그러면 대부분의 반려인들은 "사람이 먹는 음식을 개에게 먹이면 안 되지 않나요?"라며 깜짝 놀란다. 이런 반응을 보면 나 또한 깜짝 놀란다. 개는 인류의 생활 속으로 들어온 지 1만 년 가까이 된 동물이다. 그 기간 동안 개들은 인류가 먹던 음식 찌꺼기를 먹으며 진화해왔다. 그런데 왜 사람이 먹는 음식을 먹으면 안 된다는 것일까? 문제는 반려인이 양념이 많이 된 자극적인 음식이나 고기 위주의 음식, 또는 인스턴트 음식을 먹는다는 점이다. 그런 음식이라면 개에게 먹여선 안 된다. 반려인이 시시때때로 삼겹살을 구워 먹으면서 그것을 늘 같이 나눠 먹거나, 고기만 좋아한다고 고기만 먹이면 비만이나 췌장염과 같은 문제가 생긴다. 그런 음식은 반려인이나 반려견 모두의 건강에 좋지 않다. 《개 고양이 사료의 진실》의 저자 앤 N. 마틴도 사료에 대해 다음과 같은 권고 사항을 이야기한다.

"100% 안전한 음식을 먹고 싶다면 직접 요리하는 것이 최선의 방법이다. 이때도 육류, 채소, 과일, 곡물 등을 가능한 한 유기농 식품을 사용하는 것이 좋다. 반려동물이 건강하도록 좋은 음식을 먹이고 싶은 주인은 주인이 먹는 음식을 반려동물이 먹을 가능성이 높으므로 사람부터 식단이 좋아야 한다."[72]

개가 사료를 먹기 시작한 것은 얼마 되지 않았다. 그 전에는 사람이 먹던 음식을 나눠 먹으면서도 건강하게 지냈다. 그것은 외국뿐만 아니라 우리나라 또한 마찬가지다. 우리나라도 오래전부터 많은 집들이 마당에 개 한 마리 정도씩은 키웠다. 그 개들은 모두 사람이 먹던 음식 찌꺼기를 먹고 자랐다. 하지만 그 개들 중에 아토피를 앓거나 암으로 고생한 개는 거의 없었다. 개에게 사료를 먹이기 시작한 것은 1990년대 이후의 일이다. 그리고 개에게 아토피나 종양과 같은 만성적인 질병들이 심해진 것도

1990년대 이후이다.

균형 잡힌 영양을 공급하는 데 도움이 되는 개를 위한 레시피를 소개한 책들이 여러 권 출간되었다. 개를 위한 특별한 레시피에 의해서 만들어진 수제 사료는 개의 건강을 위해서 더할 나위 없이 좋다. 여건이 허락되어 그러한 레시피를 참조해 먹이를 만들어줄 수 있다면 그렇게 하는 것이 가장 좋다. 하지만 그것이 번거롭다면 사람이 먹던 음식을 개에게 먹이는 것이, 아토피를 앓고 있는 개에게는 문제시되는 사료를 먹이는 것보다 훨씬 좋다. 그 이유는 우선 사람이 먹는 음식물은 나쁜 재료로 만들지 않으며, 또 방부제를 비롯한 다양한 사료 첨가물이 들어가지 않기 때문이다. 사람이 먹는 음식을 같이 먹으면 영양적으로 불균형하지 않을까 하고 걱정하는 사람도 많다. 그렇기 때문에 먼저 반려인이 먹는 식습관을 좋게 해야 한다. 사람이 편식을 하거나 조미료와 양념이 잔뜩 들어간 음식, 또는 인스턴트 음식을 먹으면서 그런 음식을 똑같이 개에게 먹이면 영양적인 문제가 발생한다. 하지만 영양이 균형 잡힌 식사를 하는 사람의 식사는 개에게도 문제가 될 것이 없다. 또 아토피를 앓는 개의 경우는 면역력을 증가시켜줄 필요가 있기 때문에 식재료를 유기농으로 하는 것이 좋다. 그리고 식사 사이에 주는 간식으로도 고기 종류보다는 사과, 당근, 브로콜리와 같은 야채나 과일을 주는 것이 좋다. 닭고기 간식을 줄 경우에는 좁은 우리에 갇혀서 항생제로 키워진 닭의 고기보다는 방목해 키워진 닭의 고기를 주는 것이 좋다.

② 영양주의 강박증

먹이를 준비할 때 단백질 몇 %, 탄수화물 몇 %와 같은 영양분에 대한 염려 자체를 접어두는 것도 좋은 방법이다. 오늘날 사람들은 영양주의의 홍수 속에서 알게 모르게 영양에 대한 강박증을 갖게 되었다. 우리는 전통적인 방식에 의해, 조상이 먹던 음식을 조상이 하던 방식으로 만들어 먹으며 건강하게 살아왔다. 맥거번 위원회가 밝힌 것처럼 각자의 전통적인 방식의 식생활을 하는 모든 민족들은 건강하게 살아왔다.[73] 하지만 이러한 음식을 세계적인 식품 회사들이 이윤 추구를 위해 상품화하면서 음식에 포함되어 있던 많은 영양은 파괴되었다. 상품화된 음식에는 생산 과정이나 유통 과정에서, 또 많은 이윤을 남기기 위해서 값싼 재료를 사용하면서, 많은 영양이 파괴되고 부족하게 되었다. 식품 회사들은 이런 사실을 감추었다. 그 대신 영양학자들을 내세워 음식물을 분석해 표기함으로써 자신들이 만든 상품이 과학적이고 영양학적으로 훌륭한 것처럼 홍보했다. 단백질, 지방, 탄수화물이 몇 % 들어 있고 또 어떤 영양소들이 포함되어 있다는 식으로 말이다. 이렇게 음식을 음식으로 평가하는 것이 아니라 영양학적으로 강조하는 것이 영양주의다. 식품 회사들과 그들의 이익을 대변하는 영양학 전문가들은 먹거리에서 중요한 것은 음식이 아니라 '영양'이라는 영양주의를 유포하고 강화시켰다.[74] 이런 영양주의는 음식과 관련된 다양한 문제를 심화시켰는데 그 폐해는 다음과 같다.

청소년들의 건강을 해치는 대표적인 음식이 패스트푸드다. 이들 패스트푸드는 건강에 끼치는 해로움으로 인해 정크 푸드라고도 불린다. 그 정크 푸드 중에 대표적인 것이 햄버거다. 이 햄버거는 영양은 별로 없고 칼로리만 높다. 그런데 이런 햄버거에 뇌 기능을 촉진시켜준다는 DHA를 첨가하여, 청소년을 상대로 머리를 좋아지게 하는 햄버거라며 판매했다. 사료 또한 다르지 않다. 저가의 원료를 사용해서 영양이 별로 없지만, 영양소 몇 가지를 추가해 그러한 기능을 하는 사료라며 판매한다.

생명은 수천 년에 걸쳐서 진화해오면서 자신이 살고 있는 주변에서 얻을 수 있는 영양분으로 건강하게 살 수 있도록 적응하고 진화되었다는 사실을 잊어서는 안 된다. FDA는 영양주의가 과다해지는 것에 대해 "영양 결핍 증세는 단지 실험 조건하에서 유도된 것이며, 보통의 식생활에서 이러한 영양제가 필요하다는 확실한 증거는 없다."고 경고한 바 있다.[75] 자기가 태어나고 자란 주변의 것들을 계절에 따라 골고루 섭취하는 생명에게 영양 결핍 증상은 나타나지 않는다.

오늘날 사람이나 사람에 의해 키워지는 개에게 문제가 되는 것은 영양 부족이 아니라 영양 과다다. 영양 과다는 당뇨, 비만, 고혈압과 같은 다양한 문제를 야기하고 있다. 육식을 위주로 하는 나라에서는 영양의 불균형을 심각하게 걱정할 만하다. 하지만 다양한 야채를 섭취하는 우리의 식습관은 굳이 그런 걱정을 할 필요가 없다. 그러니 너무 많은 걱정은 내려놓고 사람이 먹던 음식물들을 골고루 섞어 주는 것도 개의 먹거리를 해결하는 하나의 방법이다. 그러기 위해서는 우선 사람의 식습관을 균형 잡힌 식단으로 바꾸어야 한다.

❸ '어떤' 음식을 먹일 것인가

개를 위한 좋은 먹거리를 찾는 것이 보통 어려운

일이 아니다. 그럴 때 확실한 방법은 직접 만들어서 먹이는 것이다. 일명 수제 사료와 수제 간식이다. 그런데 막상 직접 만들어 먹이려고 하여도 어떤 재료를 얼마만큼씩 사용하여야 할지 막막하다. 앞에서도 이야기했지만 영양소에 지나치게 집착하는 것은 사료 회사들이 강조하는 영양주의에 영향을 받았기 때문이다. 사람들 중에 자신이 먹는 식사가 단백질이 몇 %이고 탄수화물이 몇 %인지 일일이 계산하면서 먹는 사람은 없다. 제철에 나오는 음식물을 골고루 먹으면 건강하게 살 수 있다.

수제 사료를 만들 때도 좀 더 신경 써야 하는 것은 어떤 영양소가 들어가는지가 아니라 어떤 식재료로 만들 것인가이다. 일반 사료가 아토피의 원인이 되는 것도 영양소의 불균형 때문이 아니라, 축산 부산물이나 방부제를 포함한 사료 첨가물로 처리된 닭고기를 사용하기 때문이다. 그럼 어떤 식재료를 선택해야 하는지 살펴보자.

■ 닭고기: 우리가 먹는 대부분의 닭고기는 공장식 축산 환경에서 사육된 닭의 고기이다. 공장식 축산이란 좁은 공간에 많은 닭들을 가두어놓고 사료를 먹여 키우는 방식이다. 이 닭들은 열악한 환경에서 스트레스를 받으며 자라다보니 면역력이 떨어져

쉽게 병에 걸릴 수 있다. 이런 문제를 해결하기 위해 사료에 성장 촉진제라는 명목으로 항생제를 수시로 첨가해 먹인다. 또 사료는 GMO 작물로 만들어지는 경우가 많다. 좁은 곳에 갇혀서 운동도 못하고 GMO 사료와 항생제를 먹고 자란 닭의 고기가 건강에 좋을 리 없다. 여유가 된다면 친환경적인 방식으로 사육한 닭의 고기를 먹이는 것이 좋다. 또 쇠고기, 돼지고기, 양고기, 닭고기 등에는 아라키돈산이 많이 포함되어 있는데, 이 아라키돈산은 염증을 유발할 수 있는 요인이 된다. 그러므로 아토피를 앓는 개에게는 고기의 양을 줄이고, 야채나 과일을 많이 먹이는 것이 좋다.

■ 밀가루: 밀가루 하면 하얀 밀가루가 떠오른다. 그런데 이렇게 하얀 밀가루는 건강에 좋지 않다. 밀가루는 원래 하얀색이 아니다. 밀의 씨앗은 껍질로 싸여 있고, 그 안에 씨눈과 씨젖이 있다. 이 중 씨눈에는 생명 활동에 필요한 다양한 영양분이 들어 있는데, 그중에 식물성 오일도 포함되어 있다. 이 오일은 쉽게 변성되므로 밀가루를 껍질만 벗기고 통째로 갈면 얼마 지나지 않아서 오일이 변성되어 밀가루의 색이 변하고 역한 냄새가 나게 된다. 그래서 밀가루를 생산하는 기업에서는 씨눈을 제거

한 후에 밀가루를 만든다. 또 이 과정에서 좀 더 하얗게 보이고 오랫동안 유통시킬 수 있도록 표백제와 방부제를 사용한다. 건강을 생각한다면 씨눈을 제거하지 않은 통밀을 구입해 바로 갈아서 먹이는 것이 좋다.

■ 현미: 벼의 씨눈에는 생명을 살리는 많은 영양분이 있다. 벼의 겉껍질만 벗겨낸 현미에는 씨눈이 포함되어 있지만 먹기에 껄끄럽기 때문에, 많은 사람들이 씨눈을 포함해 속꺼풀까지 벗겨낸 백미를 먹는다. 이 백미는 먹기에는 부드러울지 모르지만 생명 활동에 필요한 영양소가 거의 없다. 단지 탄수화물 덩어리이다. 이런 탄수화물 덩어리인 백미를 먹으면 빠르게 흡수되어 혈당을 올린다. 그렇기 때문에 당뇨병 환자는 백미가 아니라 현미를 먹어야 한다. 현미는 서서히 흡수되기 때문이다. 면역력이 저하되어 아토피로 고생하는 개에게도 현미가 좋다. 다만 현미는 소화가 쉽지 않다는 단점이 있다. 현미는 씨눈을 포함해서 소화되지 않고 그대로 변으로 나오는 경우도 있다. 이런 문제를 해결할 수 있는 방법은 싹을 틔운 발아 현미를 먹거나 현미를 발효시켜서 먹는 것이다.[76]

■ 소금과 설탕: 개에게는 소금과 설탕을 주지 않아도 된다. 물론 개에게도 당분과 염분은 필요하지만, 기본적인 먹거리 재료에 포함된 당분과 염분으로도 충분하기 때문에 따로 첨가하지 않도록 한다.

사람들은 고혈압 환자에게는 소금이, 당뇨병 환자에게는 설탕이 좋지 않다고 생각을 한다. 하지만 이 말은 완전히 맞는 말은 아니다. 우리가 쉽게 구할 수 있는 정제 소금과 정제 설탕은 자연에서 구할 수 있는 소금과 설탕이 아니다. 흔히 보는 미세한 형태의 하얀 소금은 정제염 또는 기계염이라고 부르는 소금으로, 바닷물을 전기적으로 분해해 얻어 낸 염화나트륨(NaCl) 덩어리이다. 이 NaCl에는 다른 미네랄이 포함되어 있지 않으며, 몸에 들어오자마자 흡수되어 삼투압에 영향을 주고 혈압에 영향을 준다. 그래서 건강에 좋지 않다. 설탕도 사탕수수에서 얻는 원당에는 다량의 비타민과 미네랄이 포함되어 있다. 그런데 이러한 성분들은 앞의 밀가루와 같이 유통 과정에 쉽게 산화되어 설탕의 색과 맛을 변하게 하기 때문에 정제하고 표백 처리한다. 그리하여 정제 설탕은 단맛은 강하게 되지만 몸에 유익한 성분들은 모두 제거된다. 정제 소금과 설탕은 몸에 빨리 흡수되기 때문에 좋지 않은 영향을 끼친다. 그렇기 때문에 바닷물을 햇볕과 바람에 증발

시켜 만든 천일염이나 사탕수수 원당을 정제 또는 표백하지 않은 비정제 설탕을 먹는 것이 좋다. 이러한 소금과 설탕에는 칼슘, 마그네슘, 아연, 칼륨 등과 같은 미네랄과 다양한 비타민들이 포함되어 있다.

■ GMO: GMO에 대해서는 많은 말들이 있다. 딱 잘라서 정리를 하겠다. GMO는 반생명적인 물질이다. GMO는 몬산토가 자회사의 이익을 챙기기 위해 생명을 조작한 물질이다. 몬산토는 반생명적인 GMO를 팔기 위해 다양한 방법으로 광고하고 선전한다. 또 대학교수들을 동원해 GMO를 홍보한다. 그럼에도 불구하고 GMO가 반생명적인 물질이라는 것에는 변함이 없다. 개의 건강을 생각한다면 절대로 GMO를 먹여서는 안 된다. 하지만 안타깝게도 GMO 옥수수나 GMO 대두의 대부분이 사료의 원료로 사용되고 있다.

■ 유기농 vs 관행농: 먹거리의 문제에 대해 깊이 고민해보지 않은 사람은 유기농이나 관행농이나 별 차이가 없을 거라고 생각한다. 또 GMO를 생산하는 몬산토는 GMO의 반대 지점에 있는 것이 유기농이기 때문에 막대한 자금을 들여서 유기농을 공격한

다. 유기농이나 관행농이나 별 차이가 없다는 것이다. 관행농은 관행적으로 농약을 사용해 농사를 짓는 방식이다. 이 방식을 이용하면 곡식이나 채소, 과일 등이 곤충으로부터 덜 시달리기 때문에 보기에도 좋고 크다. 또 일손도 덜 가고 수확량도 많기 때문에 가격도 저렴하다. 하지만 유기농은 농약을 사용하지 않기 때문에 채소나 과일이 곤충으로 인해 상하는 경우가 많아 모양도 좋지 않고 수확량도 적다. 따라서 가격도 비싸다. 하지만 유기농의 경우 채소나 과일이 스스로 곤충이나 병충해를 이겨내야 하기 때문에 다양한 파이토케미컬(phytochemical)을 생산해낸다. 파이토케미컬은 항산화 작용, 해독 작용, 면역 기능, 호르몬 작용, 항박테리아, 항바이러스 등의 기능이 있다고 알려진 면역 물질이다. 이러한 면역 물질을 채소나 과일을 통해 섭취했을 때 사람이나 동물 또한 면역력이 증진된다. 그런데 관행농으로 재배된 농작물은 농약에 의존해서 크기 때문에 이러한 성분들이 없다. 그러므로 건강을 위하고 아토피로 인해 저하된 면역력을 올려주고 싶다면 유기농 농작물을 먹는 것이 좋다. 덧붙여 농약이나 제초제는 주위 환경을 오염시킨다. 환경 파괴가 심각해지는 요즈음 농약을 덜 사용한 먹거리를 구입하는 것이 환경을 위하는 길이다.

■ 사과: 개의 면역력을 증진시키기 위해서는 포도를 제외한 다양한 과일을 먹이는 것이 좋다. 특히 사과는 많은 종류의 비타민을 포함하고 있기 때문에 아토피를 앓는 개에게 좋은 과일이다. 그런데 사과를 재배하는 과정을 보면 다시 생각하게 된다. 사과는 벌레가 많이 꼬이기 때문에 농약을 많이 사용한다. 사과 한 알 한 알은 농약으로 코팅되어 있다고 생각하면 틀리지 않다. 따라서 사과는 반드시 껍질을 깎아서 먹여야 한다. 유기농 사과는 껍질째 먹여도 된다. 껍질에는 많은 영양분이 들어 있으므로 개의 면역력 증진에 도움이 된다. 사과의 섬유소는 장내 노폐물을 제거해주는 효과가 있기 때문에 장내 면역력을 증진시켜준다. 그러므로 사과를 비롯한 섬유질이 많은 다른 과일이나 채소를 꾸준히 먹이자.

■ 바나나: 바나나와 같이 해외에서 수입하는 과일을 먹이는 것은 다시 한 번 생각해봐야 한다. 국내에서 생산되지 않는 과일들은 외국으로부터 장기간에 걸쳐서 운송되어 온다. 그 기간 동안 상하지 않게 하기 위해 방부제 처리하거나 최근에는 방사선 처리를 하기도 한다. 개의 건강을 생각한다면 되도록 가까운 지역(국내)에서 제철에 생산된 로컬 푸

드를 먹이는 것이 좋다.

■ 우유: 칼슘을 비롯해 다양한 영양소를 보충해
주기 위해 우유를 먹이는 경우가 있다. 하지만 우유
는 우리가 생각하는 것처럼 그렇게 건강에 유익한
음식물이 아니다. 우유를 생산하기 위해 사육되는
젖소들은 열악한 환경에서 산다. 우유를 생산하기
위해 매번 송아지를 강제로 낳아야 하고, 더 많은 우
유를 생산하기 위해 프로게스테론 같은 호르몬 주
사를 맞는다. 여성 호르몬의 일종인 프로게스테론
은 알레르기를 일으키는 면역 세포인 Th2 세포를
증가시켜 아토피 증상을 악화시킨다.[77] 또 열악한
환경에서 스트레스를 받다보니 염증 반응도 많고,
이러한 문제를 해결하기 위해 일상적으로 항생제를
복용한다. 이러한 모든 것들이 우유에 반영된다. 그
러므로 우유는 그다지 좋은 음식물이 아니다. 우유
를 꼭 먹이고 싶다면 친환경적인 환경에서 사육된
젖소에서 생산된 유기농 우유를 먹이는 것이 좋다.
또 칼슘의 공급을 위해서는 우유가 아니라 다시마
나 톳과 같은 해조류를 먹이는 것도 좋은 방법이다.
오리 목뼈를 건조시켜 간식으로 주는 것도 칼슘을
공급하기 위한 하나의 방법인데, 오리 목뼈 간식은
개껌 대용으로도 좋다.

■ 달걀: 달걀의 흰자에는 오보뮤코이드, 오브알부민, 리소짐, 오보트랜스페린과 같이 알레르기를 일으키는 단백질이 있다. 그중에 오보뮤코이드는 강한 알레르겐으로 알려져 있다.[78] 노른자에는 아라키돈산이, 그리고 흰자에는 알부틴이라는 단백질이 많이 포함되어 있다. 아라키돈산은 악성 에이코사노이드를 생성한다. 또 알부틴은 아토피 치료에 중요한 비타민인 비오틴의 흡수를 방해한다. 따라서 아토피를 앓는 개에게는 달걀을 먹이지 않는 것이 좋다. 그 대신 생선류나 두부, 된장과 같은 것으로 단백질을 공급해주는 것이 좋다.

■ 불포화 지방산: 불포화 지방산은 아토피를 앓는 개에게 중요한 영양소이다. 해바라기유나 대두유, 옥수수유와 같은 오일에는 오메가6 계열의 리놀산이 많이 들어 있다. 한편 고등어, 연어, 다랑어, 꽁치와 같은 생선과 상추, 호박, 강낭콩, 취나물, 양배추, 토마토와 같은 야채나 과일에는 오메가3 계열의 리놀레산이 많이 들어 있다. 이 중 오메가6 계열의 α-리놀산은 알레르기 증상을 증가시키고, 오메가3 계열의 α-리놀렌산은 염증을 완화시킨다. 그러므로 아토피를 앓는 개에게는 오메가3 계열의 불포화 지방산이 많이 들어 있는 음식을 먹이는 것이 좋다. 불포화

지방산은 조리 과정에서 쉽게 파괴되기 때문에, 따로 영양제로 먹이에 섞어서 섭취시키는 것이 좋다.

사료를 생산하는 회사들이 광고하는 것과는 달리, 그 사료는 개의 건강을 위해서 그다지 좋은 재료를 사용하지 않는다. 마찬가지로 우리가 알고 있는 많은 먹거리들도 우리가 알고 있는 것처럼 별 문제가 없는 것들이 아니다. 우리가 먹는 음식물 대부분이 식품을 다루는 회사들에 의해서 이윤을 추구하기 위한 수단으로 전락했기 때문이다. 사료 회사가 사료를 팔아서 최대한의 이윤을 얻기 위해 다양한 행위를 하는 것처럼, 식품을 다루는 회사 또한 최대한의 이윤을 얻기 위해 음식물들에 이런저런 처리를 한다. 그들의 가장 큰 관심은 그것을 먹는 개나 사람의 건강이 아니라 더 많은 이윤이기 때문이다. 이러한 문제들로부터 벗어나기 위해서는 소비자들이 자신이 먹는 것이 무엇인지 많은 고민을 해보아야 한다. 먹는 것이 병이 되고 또 먹는 것이 약이 되기 때문이다. 음식물과 관련된 많은 문제를 이 책에서 모두 소개할 수는 없다. 음식이나 사료의 문제에 대해 다룬 좋은 책들을 참고하여, 보다 깊은 관심을 가진다면 개에게 보다 건강한 먹거리를 지속적으로 제공할 수 있다.

■《개·고양이 자연주의 육아백과》, 리처드 H. 피케른, 수전 허블 피케른(2010)

자연주의라는 새로운 패러다임을 통해 반려동물의 건강과 삶의 질을 유지하는 방법을 알려준다. 기존의 사료나 예방 주사가 어떤 문제를 가지고 있으며, 좋은 먹거리가 얼마나 중요한지 전해준다.

■《개 고양이 사료의 진실》, 앤 N. 마틴(2011)

한국의 반려인들이 그동안 몰랐던 사료의 제조 과정과 그 속 이야기를 전해준다.

■《잡식동물의 딜레마》, 마이클 폴란(2008)

산업적 음식 사슬의 모순과 폐해를 고발하고 있다. 읽고나면 우리가 먹는 음식에 대해 되돌아보게 된다.

❹ 수제 사료 만들기

개의 망가진 피부를 되살리기 위해서 가장 중요한 것은 좋은 먹거리다. 그런데 좋은 먹거리를 찾는 것이 너무 어렵다면 반려인이 직접 만들어보자. 그것이 수제 사료다. 수제 사료는 반려인이 직접 만들기에 식재료를 믿을 수 있고, 또 방부제와 같은 사료 첨가물을 넣지 않기에 건강에 유익하다. 하지만 반려인이 균형 잡힌 영양을 공급해주어야 한다는 숙제가 남는다. 개에게 기본적으로 필요한 영양은 위

	강아지	성견	수유견	노령견
단백질	22~32%	15~30%	25~35%	15~23%
지방	10~25%	5% 이상, 리놀릭산 1%	18% 이상	7~15%
섬유소		5% 이하	5% 이하	2~4%
칼슘	0.7~1.7%	0.5~0.8%	0.75~1.7%	0.5~1.0%
인	0.6~1.3%	0.25~0.8%	0.6~1.3%	0.25~0.75%
칼슘/인 비율	1:1~1.8:1	1:1~2:1	1:1~1.8:1	1:1~2:1

의 표와 같다.[79]

개의 성장 단계에 따라서 위의 표와 같이 영양을 맞추어주도록 한다. 그리고 영양 성분이 충족되는 식단을 만들 자신이 없는 경우 반드시 수제 사료 레시피를 소개하는 책을 참조해 만들거나, 믿을 수 있는 수제 사료를 구입해 먹이는 것이 좋다. 신장이 좋지 않은 개는 단백질 함량을 줄이는 것이 좋고, 심장이 좋지 않은 개는 육류 단백질을 줄이는 것이 좋다. 또 모든 개들 특히 아토피를 앓고 있는 개들은 고기의 양을 줄이고 곡류나 채소, 과일의 양을 늘리는 것이 면역력 향상에 도움이 된다. 같은 채소나 과일이라고 하더라도 유기농이 면역력 향상에 더 큰 도움이 된다.

칼슘 보충을 위해서는 멸치나 코티지치즈 같은

달걀 껍데기 분말.

것을 조금 넣어주거나 달걀 껍데기를 이용할 수 있다. 달걀 껍데기를 이용할 때는 먼저 잘 씻어서 150℃로 가열한 프라이팬 위에서 10분가량 굽는다. 이렇게 굽는 이유는 달걀이 마르는 것을 방지하기 위해 처리된 코팅제를 제거하고 껍데기를 곱게 가는 데에 도움이 되기 때문이다. 달걀 껍데기 한 개로 1 티스푼의 분말을 만들 수 있으며, 이것은 1,800mg의 칼슘에 해당된다. 칼슘은 우유나 달걀과 같이 축산물을 통해서만 얻을 수 있는 것은 아니다. 열악한 환경에서 항생제나 호르몬제로 사육되는 오늘날의 가축을 생각하면, 축산물보다 야채나 해조류를 통해서 칼슘을 공급하는 것도 좋은 방법이다. 100g당 톳에는 1,250mg, 파래에는 1,015mg, 곰피에는 921mg, 다시마에는 759mg, 말린 고구마 줄기에는 1,355mg, 머위에는 1,104mg, 토란대에는 1,050mg, 무시래기에는 355㎎, 깻잎에는 325㎎의 칼슘이 들어 있다. 특히 해조류나 나물에는 우유에 들어 있지 않은 미네랄이나 비타민 등 다양한 영양소도 풍부하게 들어 있다.[80] 필수 지방산을 공급하기 위해 사료를 줄 때 올리브유나 오메가3 오일이 포함된 영양제를 한 스푼 뿌려주는 것이 좋다. 필수 지방산은 면역력 증가에 도움이 된다.

음식 재료 중 단백질에 대한 알레르기가 걱정된다면 처음에는 1~2가지 단백질과 곡물만 사용해 만들어 2주일가량 먹이면서 피부의 반응을 살펴보고, 아무런 문제가 없으면 한 가지씩 추가하면서 살펴보도록 한다. 음식에 재료를 추가할 때에는 매번 기록을 해두는 것이 좋다. 그렇지 않으면 한참 시간이 흐른 후에 어떤 재료가 문제가 있었고 어떤 재료가 괜찮았는지 기억해내기 쉽지 않다. 돼지고기는 지방이 많아 설사를 하는 경우가 있으므로 피하는 것이 좋고, 달걀에 알레르기 반응이 있는 개들도 있으므로 조심한다. 또 우유를 먹고 유지방을 분해하는 효소가 없어서 설사를 하는 개들이 많으므로, 그런 개들에게는 우유를 먹이지 않는다.

재료를 고를 때는 철마다 나오는 야채나 과일이 다르므로 그때그때 쉽게 구할 수 있는 재료를 사용한다. 매번 재료들을 적당히 바꿔가면서 조합하면 개가 싫증을 내지 않고 잘 먹는다. 아토피로 고생하고 있는 개에게는 아토피에 좋은 재료를 많이 사용해 만든다.

Tip 우리 주변에서 쉽게 구할 수 있는 음식 재료

　단백질 공급: 닭고기, 양고기, 쇠고기, 오리고기, 연어를 비롯한 생선, 콩, 퀴노아 등
　탄수화물 공급: 감자, 미숫가루, 잡곡빵, 현미, 귀리 등
　면역력 향상: 당근, 단호박, 배추, 양배추, 브로콜리, 파프리카, 고구마, 사과, 배, 블루베리, 토마토, 청경채, 미역, 다시마, 톳 등
　칼슘 공급: 달걀 껍데기, 멸치, 요구르트나 코티지치즈, 톳, 다시마, 고구마 줄기, 머위, 토란대 등
　필수 지방산 공급: 오메가3 피부 영양제, 아마씨유

Tip 아토피에 도움이 되는 음식 재료

　알로에 추출물, 프로폴리스, 감잎차, 유산균 음료, 감초, 칡, 느릅나무 어린잎 나물, 스쿠알렌, 당귀, 들깻잎, 녹차, 아마씨유, 고구마, 감자, 고등어, 두부, 청국장, 당근, 호박, 사과, 다시마, 톳, 현미, 사슴고기, 토끼고기, 양고기, 퀴노아, 종합 비타민 영양제 등

■ 준비물: 식품 건조기
　수제 사료나 수제 간식을 만들려면 식품 건조기가 있어야 하는데, 인터넷에서 '식품 건조기'라고

검색하면 쉽게 구입할 수 있다.

■ 재료: 오리 가슴살 1.5kg, 현미 잡곡밥 200g, 감자 2개, 당근 1개, 단호박 1/2개, 양배추 1/2개, 브로콜리 1개, 파프리카 2개, 사과 1개, 당근 1개, 토마토 2개, 멸치 20g, 달걀 껍데기를 곱게 간 가루 2티스푼

■ 만드는 방법:

① 오리 가슴살을 물에 데쳐서 익힌다.

② 현미와 잡곡을 섞어서 밥을 한다. 현미는 소화가 잘 안 되므로 발아 현미를 사용하는 것이 좋다. 또는 블렌더 등을 이용하여 잘게 다지면 소화에 도움이 된다.

③ 감자, 단호박을 물에 삶는다.

④ 토마토는 칼집을 내어 살짝 데치고 당근은 올리브유에 볶는다.

⑤ 브로콜리와 양배추를 데친다.

⑥ 사과의 껍질을 깎고 씨를 제거한다.

⑦ 준비한 모든 재료를 분쇄기 또는 믹서기를 이용해서 갈아서 골고
루 반죽한다.

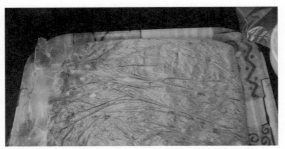

⑧ 걸죽하게 갈린 재료를 비닐봉지에 두께 1cm 정도 되도록 펴서 냉동실에 얼린다. 준비한 재료의 종류와 두께에 따라서 얼리는 시간은 달라진다. 두껍게 하는 경우 얼리는 시간도 많이 걸리고 또 건조시키는 시간도 길어진다. 반면에 너무 얇게 하는 경우 얼리거나 건조시키는 시간은 짧아지지만 수제 사료가 너무 얇아져 쉽게 깨진다. 반죽을 얼렸을 때 부피가 건조되면서 1/3로 줄어드는 것을 감안하면 1cm가량으로 하는 것이 좋다.

⑨ 살짝 언 재료를 꺼내 칼로 길게 잘라 식품 건조기에 넣는다.

⑩ 70℃에서 8시간 동안 건조시킨다. 건조 시간은 재료와 반죽의 두께에 따라서 달라진다. 몇 번 만들다보면 적당한 시간을 맞출 수 있다. 수제 사료에는 방부제가 들어가지 않아서 쉽게 상할 수가 있다. 수제 사료가 무른 경우 더 쉽게 상한다. 그렇기에 되도록 딱딱하게 건조시키는 것이 좋다. 적당히 딱딱한 사료는 이빨 관리에도 좋다.

⑪ 완성된 수제 사료를 식품통에 넣어 냉장고에 보관한다.

수제 사료는 신선한 재료를 사용해 만들기 때문에 대부분의 개들이 좋아한다. 하지만 기존 사료에 익숙해 있던 개들은 장내의 소화 효소나 정상균총이 기존 사료에 맞추어져 있기 때문에, 갑자기 먹이를 바꾸었을 때 설사를 하는 경우도 있다. 이런 문제를 완화시키기 위해서 기존에 먹던 것과 섞어서 천천히 바꾸어주는 것이 좋다. 또 방부제를 사용하지 않았기 때문에 쉽게 상할 수 있다. 바로 먹을 것은 냉장실에 넣어두고 나중에 먹을 것은 냉동실에 보관해둔다. 냉동을 하여도 사료의 신선도는 시간

이 지나면서 조금씩 떨어지므로 먹을 만큼만 그때
그때 만들어 먹이는 것이 좋다. 냉장고에 있던 차가
운 수제 사료를 바로 먹이면 설사를 할 수 있으므로,
냉장고에서 꺼낸 후 차가운 기운이 가시면 먹인다.
또는 비닐 팩에 넣어 뜨거운 물에 잠깐 담가두었다
가 건지면 찬 기운도 가시고 맛도 더 좋아진다.

5 수제 간식 만들기

개와 같이 놀아주거나 개를 집에 혼자 두고 나갈
때 흔히 간식을 주게 된다. 사료만 먹고 살 수는 없
는 일이다. 또 개와 놀아주면서 한두 개 주는 간식
은 관계를 증진시키거나 교육 효과에도 좋다. 그런
데 현재 시중에 판매되는 간식들은 좋지 않은 재료
를 사용하거나 방부제를 사용해 개의 건강을 해치
는 상품이 적지 않다. 질 좋은 간식을 선택하면 그
나마 다행이지만, 간식 또한 어떤 제품이 질이 좋고
어떤 제품이 질이 나쁜지 구분하기가 쉽지 않다. 그
래서 많은 반려인들이 찾는 방법이 직접 간식을 만
드는 것이다. 그것이 수제 간식이다. 수제 간식을
만드는 것은 어렵지 않다. 여기에 오리 수제 간식
만드는 방법을 소개한다. 이를 응용하면 다양한 수
제 간식을 만들 수 있을 것이다.

■ 준비물: 식품 건조기, 오리 가슴살이나 닭 가
슴살, 식초 물, 우유, 사과, 고구마

■ 만드는 방법:

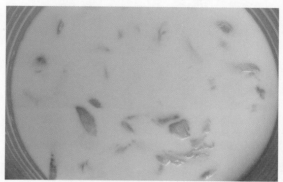

① 고기의 누린 냄새 제거와 살균을 위하여 식초 물(물:식초=2:1)에
20분 정도 담가둔다. 냄새를 제거하기 위해 우유에 담가두기도 한다.

② 가슴살을 식초 물에서 건져 물기를 제거한다.
③ 가슴살을 두께 7mm가량 되도록 자른다. 이때 칼에 손이 다치지
않도록 조심한다.

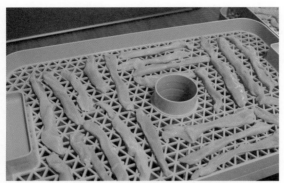

④ 식품 건조대에 절단한 가슴살을 서로 닿지 않게 배열한다. 식품 건조기에는 보통 6개의 건조대가 있는데, 욕심을 부려서 추가로 건조대를 구입하는 경우 위에 있는 고기들은 잘 건조되지 않는다. 그러므로 최대 6단 정도까지만 건조하는 것이 좋다.

⑤ 70℃에서 7시간 건조한다. 건조 시간은 물기를 제거한 정도와 고기의 두께에 따라서 차이가 있을 수 있다. 건조 시간이 짧으면 간식이 눅눅하여 곰팡이가 피기 쉽다. 또 건조 시간이 너무 길면 간식이 너무 건조되어 쉽게 바스러지고 쫀득거리는 씹는 맛도 없어진다.

⑥ 잘 건조된 간식은 식힌 후 비닐 팩에 넣어 냉장실에 보관한다. 수제 간식은 방부제 처리를 하지 않았기 때문에 실온에 두는 경우 쉽게 곰팡이가 핀다. 그러므로 냉장실에 보관하였다가 먹이기 전에 먹을 만큼만 꺼내어 찬 기운을 없앤 후 먹이면 된다.

수제 간식은 보통 닭고기나 오리고기로 만든다. 그런데 반려인들 중에는 키우고 있는 개가 닭고기에 알레르기 반응이 있다고 생각하는 사람이 적지 않다. 이 부분은 앞에서도 이야기했지만 아토피는 단백질에 의한 문제가 아니다. 아토피는 몸에 들어오는 것들 중 몸에 들어오면 안 되는 해로운 것들에 대한 만성적인 반응이다.

　문제는 닭고기냐 오리고기냐 하는 고기의 종류가 아니라, 어떤 상태의 고기를 사용했는가이다. 또 고기에 방부제를 포함한 사료 첨가물을 사용했는지 여부이다. 중요한 것은 사람이나 동물이나 좋은 먹거리가 몸을 살린다는 것이다. 그러므로 닭고기가 개들에게 알레르기 반응을 일으킬까봐 걱정할 필요는 없다. 물론 특이하게 알레르기 반응을 보이는 개도 있을 수 있다. 닭고기를 먹고 눈 주위나 입술 주변이 붉어지거나 가려움증이 심해진다면 피하는 것이 좋다. 하지만 대부분의 개들은 닭고기에 알레르기 반응을 보이지 않는다.

아토피는 환경병이다

아토피를 앓고 있는 개에게 가장 중요한 것은 앞에서부터 반복적으로 강조했듯이 먹는 것이다. 먹는 것을 통해서 해로운 것이 몸에 들어가기 때문이다. 먹이로 섭취되는 해로운 것을 차단하고 몸에 좋은 재료로 만든 먹이를 먹였을 때 몸에는 자연치유력이 되살아난다. 그렇지만 개의 아토피 증상이 언제나 먹는 것 때문에 발생하는 것은 아니다. 물론 대략 80% 이상은 먹는 것만 바꿔주어도 아토피 증상이 호전된다. 하지만 먹는 것을 개선해도 증상이 호전되지 않는 개들도 있다.

사람들 중에도 아토피로 심하게 고생을 하는 경우, 아예 도시 생활을 정리하고 공기 좋은 시골로 이사 가는 사람들이 있다. 그들은 화학조미료나 양념으로 범벅이 된 고기 그리고 패스트푸드를 멀리하고 야채 중심의 신선한 음식을 먹는다. 또 시간에 맞춰 운동하고 스트레스를 멀리한다. 그렇게 환경이 좋은 곳으로 이사 가서 신선한 공기를 마시며 좋은 음식을 먹고 생활 습관을 바꾸면, 대부분 알게 모르게 아토피 증상이 깨끗하게 사라지기도 한다.

바로 이 속에 아토피를 치료하는 핵심이 있다. 아토피는 몸에 유익하지 않은 알레르겐들이 지속적으로 유입되어서 발생한다. 그러므로 아토피 치료는 알레르겐의 유입을 차단하는 것에 맞춰져야 한다. 이 부분을 반려인은 확실히 인식해야 한다. 몸에 유입되는 알레르겐이 차단되지 않으면 어떠한 치료를 하든 그때뿐이다.

알레르겐의 원인은 너무나 많다. 흔히 아토피를 환경병이라고 말하듯이 오염된 공기와 음식물 그리고 반생명적인 주거 환경이 아토피의 원인들이다. 또 스트레스 등 정신적인 환경도 아토피의 원인이 된다. 그렇기 때문에 아토피를 치료하고 예방하기 위해서는 환경을 개선해야 한다. 아토피를 앓고 있는 개에게 원인이 될 수 있는 것이 무엇인가를 찾아서 최대한 원인을 제거해주는 것이 중요하다.

집이 따뜻하고 습하며 통풍이 잘 되지 않으면 곰팡이나 집먼지진드기가 과다하게 증식하게 된다. 그러므로 집 안을 선선하게 유지하고, 수시로 실내를 환기해 집 안 공기를 바꿔주는 것이 좋다. 집먼지진드기가 증식하지 못하도록 침구류는 주기적으로 햇볕에 말리거나 삶고, 진드기의 서식처가 될 수 있는 카펫은 사용하지 않는다. 가정 내 습도는 40~50%로 맞춘다. 집 안에 꽃가루가 날리는 화분은 치우고, 꽃가루가 날리는 계절에는 실외 활동을 줄인다. 아파트의 경우 시멘트나 가구에서 발생하는 유해 물질을 감소시켜야 한다.

실내의 공기를 정화하기 위해서는 통풍을 자주 하고, 공기 정화 효과가 큰 식물을 키우거나 숯을 이용하는 방법이 있다. 공기 정화 효과가 큰 식물로는 아이비, 인도고무나무, 관음죽, 테이블야자, 산세베리아, 행운목, 싱고니움, 베고니아 등이 있다.[81] 집에서 공기 중의 유해 물질을 제거하기 위해 쉽게 사용할 수 있는 것이 숯이다. 숯에는 미크론 단위의 매우 미세한 구멍이 고밀도로 분포하고 있는데, 이 구멍들은 흡착 능력이 뛰어나 강력한 공기 정화 효과가 있다. 숯은 공기 중의 유해 물질뿐만 아니라 습도를 조절하고 곰팡이, 진드기를 억제하는 효과도 있다. 그러므로 개가 아토피로 고생하는 경우 숯은 매우 유용하게 사용될 수 있다. 숯을 사용할 때는 한군데 많이 모아놓는 것보다 여기저기 조금씩 놓아두는 것이 더 효과적이다. 또 숯은 어느 정도 기간이 지나면 흡착 능력이 떨어지는데, 흐르는 물에 씻은 후 그늘에 말려서 사용하면 반영구적으로 사용할 수 있다.

건축물에서 발생하는 알레르기를 줄이기 위해서는 알레르겐의 원인이 될 수 있는 자재의 사용을 피하고 친환경 물질을 사용한다. 가구는 접착제를 사용한 합성목보다는 원목으로 된 것이 좋다.

아토피는 동물병원의 치료만으로는 낫지 않는다. 반드시 원인을 찾아서 그 원인을 배제해주어야 개선된다. 해결법은 동물병원에 없다. 동물병원에서 도움을 줄 수는 있지만 해결법은 집 안에 있다. 그러므로 반려인은 수의사와의 상담을 통해 집 안의 어떤 것이 아토피의 원인이 될 수 있는지 찾아서 원인을 제거하도록 노력해야 한다. 이러한 노력은 집안 사정을 모두 알 수 없는 수의사가 할 수 있는 일이 아니다. 오직 반려인만이 할 수 있는 것이며 반려인의 노력 여하에 따라서 개가 아토피에서 탈출할 수도 있고 못할 수도 있다.

면역력을 높여 아토피를 극복하자

먹거리와 주위 환경을 개선한다고 해도 알레르겐을 완전히 막아주는 것에는 한계가 있다. 일례로 봄철에 꽃가루가 날리면 많은 사람들이 알레르기성 비염으로 고생을 한다. 사람들은 대부분 꽃가루 때문에 알레르기성 비염을 앓는다고 생각하지만, 사실은 꽃가루는 하나의 요인일 뿐이다. 어느 연구에 의하면 도시보다 훨씬 꽃가루가 많이 날리는 농촌이나 산 주위에 사는 사람들이 도시에 사는 사람들보다 알레르기성 비염을 덜 앓는다는 결과가 나왔다. 꽃가루가 알레르기성 비염을 일으키는 하나의 요인인 것은 틀림없지만, 그 요인을 심각하게 만드는 것은 자동차에서 내뿜는 배기가스로 인한 도시의 매연이기 때문이다. 도시에 사는 사람들은 꽃가루가 농촌보다 적음에도 불구하고 자동차가 내뿜은 매연으로 인해 호흡기의 면역력이 저하된 상태이기 때문에 꽃가루에 대한 아토피가 심하게 나타나는 것이다.

도시의 오염된 공기는 우리가 상상하는 것 이상으로 건강에 영향을 끼치고 있다. 특히 아토피를 심각하게 만든다. 그래서 아토피가 심한 사람들은 도시 생활을 정리하고 공기가 좋은 곳으로 이사를 간다. 하지만 개가 아토피를 앓는다고 하여 도시의 생활을 정리하고 환경이 좋은 곳으로 이사를 가기는 쉽지가 않다. 도시의 오염된 공기가 아토피에 좋지 않다는 것은 알지만, 공기 청정기와 같은 방식으로 오염 물질을 줄여줄 수 있을 뿐 완전히 피할 수는 없다. 우리와 우리의 개들은 알면서도 피할 수 없는 알레르겐과 그 이외에도 미처 생각하지 못한 다양한 오염 물질들 속에서 살아가고 있다. 그럼 이런 문제를 어떻게 해결하는 것이 좋을까?

이 문제에 대한 가장 근본적인 해결책은 몸에서 그러한 알레르겐을 원만하게 처리할 수 있도록 면역력을 키우는 것이다. 몸은 자연치유력을 가지고 있기 때문에 기본적인 면역력이 있다. 하지만 지속적으로 유입되는 알레르겐은 이러한 면역력을 고갈시키고, 몸의 면역 기관을 피로한 상태로 만들어 과도한 반응을 유발한다. 그러므로 먼저 차단할 수 있는 알레르겐을 차단해주고 면역력을 높일 수 있는 방법들을 강구해야 한다.

몸의 면역력을 높이기 위해서는 여러 가지를 고려할 수 있다. 먼저 몸의 면역력을 높이는 데 도움이 되는 건강한 먹거리를 먹인다. 경제적인 여유가 되면 유기농을 먹이는 것이 좋다. 오메가6가 많이 들어 있는 고기 종류는 염증을 유발하게 되므로 줄이고, 오메가3가 많이 들어 있는 야채나 과일을 많이 먹이는 것이 좋다. 또 고기 위주로 과식을 하는 경우 단백질이 아미노산으로 완전히 분해되지 않은 상태로 흡수되는 양이 늘어나면서 알레르기 반응을 유발한다. 그러므로 이런 이유에서도 고기보다는 야채나 과일을 더 먹이는 것이 좋다. 또 너무 많이 먹이면 장에 스트레스를 주어 장내 면역력을 저하시키며, 비만이 되는 경우 피하의 지방들이 혈액 순환을 저해하여 아토피를 심하게 만든다. 따라서 약간 양이 모자란 듯이 먹이는 것이 건강에 유익하다. 또 비만인 경우 반드시 체중을 줄여야 하며, 일주일에 하루나 한 끼 정도 금식을 시키는 것도 장내 면역력을 높이는 데 도움이 된다.

장내 면역력은 단지 장의 기능만을 상승시키는 것이 아니라, 유입되는 알레르겐을 장에서 원만하게 처리하게 한다. 하지만 장의 면역력이 떨어지는 경우, 피로해진 장벽이 알레르겐을 제대로 차단하지 못해 알레르겐이 다량 흡수된다. 사료에 첨가된 방부제와 사료 첨가제의 문제 중 하나도 지속적으로 장내 세균총에 영향을 줌으로써 장의 면역력을 고갈시키는 데에 있다. 장의 저하된 면역력은 알레르겐의 흡수를 증가시켜 아토피가 심해지게 만든다. 장의 면역력을 높일 수 있는 방법으로는 유산균 섭취, 한방이나 동종 요법 등이 있다.

약해진 피부의 면역력을 높일 수 있는 방법 중 하나는 유황을 이용해 입욕을 시켜주는 것이다. 유황은 살균력이 있고 피부 면역력을 촉진시키는 기능이 있기 때문에 아토피를 앓는 개에게 좋다. 또 에센셜 오일을 첨가한 천연 샴푸는 피부의 염증과 소양감을 완화시키고, 면역력을 증가시키는 데 도움이 된다. 특히 피부가 손상된 반려동물의 경우 피부의 상태에 맞추어 적절한 아로마 에센셜 오일을 첨가한 천연 샴푸를 사용하는 경우 피부 회복에 더 많은 도움을 받을 수 있다. 다양한 식물에서 추출해낸 에센셜 오일은 항균 작용, 면역 촉진 작용, 진정 작용과 같이 아토피 증상에 도움이 되는 다양한 효능을 가지고 있다. 아토피 증상을 완화하기 위해 천연 샴푸 이외에도 보습 젤이나 스킨 스프레이, 연고와 같은 형태로 아로마 에센셜 오일을 다양하게 활용할 수 있다.

아토피 관리에 도움이 되는 동종 요법

먹거리를 비롯한 아토피 유발 원인들을 배제시키면 아토피의 증상은 시간이 지나면서 자연스럽게 호전된다. 하지만 시간이 걸린다. 또 열심히 아토피를 유발할 만한 요인들을 제거해주어도 여전히 아토피 증상을 보이는 경우가 있다. 이런 경우 아토피로 고생하는 반려동물을 위해 적절한 치료가 병행되어야 한다.

아토피를 앓는 개가 가장 힘들어하는 것은 가려움증이다. 가렵기 때문에 하루 종일 긁고 핥는다. 심한 경우 너무나 가려워서 늑대 같은 울음소리를 내기도 한다. 그것을 바라보는 반려인의 마음은 너무나 안타깝다. 동물병원에서는 이렇게 너무 가려워서 고통스러워하는 경우 보통 항히스타민제나 스테로이드와 같은 약물을 처방한다. 또 피부 검사 등을 통해 세균이나 말라세지아의 증식이 있는지 살펴보고, 만약 과다하게 증식되어 있다면 항생제 등의 약을 처방한다.

이러한 식으로 증상에 따라서 처방하는 것을 대
증 요법이라고 한다. 이것은 앞에서 이야기한 것처
럼 몸에서 나타나는 증상을 나타나서는 안 될 것으
로 생각하고 억제시키는 것이다. 이런 방식은 몸에
서 일어나는 증상의 의미에 대한 깊은 고민 없이 이
들 증상만 억제하려고 하는 데에 문제가 있다. 몸에
서 나타나는 증상은 몸이 스스로 질병을 이겨내려
고 하는 과정이기 때문에, 이러한 과정을 무조건 억
제하는 것은 결코 좋지 않다.

또 항생제는 과다하게 증식된 병원균뿐만 아니
라 몸의 정상균총까지 파괴함으로써 설사를 일으키
거나 면역력 저하 등 여러 가지 문제를 야기한다.
스테로이드는 당장의 소양감이나 염증 반응을 억제
하는 데는 효과적이지만, 장기간 사용하는 경우 몸
이 스테로이드에 의존하게 만든다. 이것은 부신 피
질에서 스테로이드 호르몬을 만드는 기능을 약화시
켜, 장기적으로 스스로 외부의 스트레스에 대응할
수 있는 기능을 저하시킨다. 즉, 면역력을 저하시키
는 것이다.

그리고 이러한 약물 또한 몸의 입장에서는 모두
외부에서 유입되는 화학 약품들이다. 몸은 이들 화
학 약품까지 해독해야 하는 부담을 떠안게 된다. 물

론 당장 급할 때에는 대증 요법을 유용하게 사용할 수 있다. 하지만 장기적으로 아토피를 관리해야 한다면 대체 요법을 고민해볼 필요가 있다.

이러한 측면에서 도움이 될 수 있는 것이 동종 요법이나 아로마 테라피이다. 우리나라에서는 동종 요법이 아직은 확산되지 않은 상태다. 하지만 미국, 프랑스, 영국, 인도 등 많은 나라에서는 동종 요법이 대체 요법으로 많이 사용되고 있고, 실제로 병원에서도 일상적으로 처방되고 있다. 프랑스에서는 전체 의료인의 1/3 이상이 동종 요법을 시술하고 있으며, 1965년 이래로 프랑스 정부가 동종 요법을 의료 보험에 적용시키고 있다. 가까운 일본의 경우도 동종 요법 시장이 매우 빠르게 확산되어, 일본 전체 의료 시장의 11%를 차지하고 있다.

동종 요법에서 사용하는 약물을 레메디(remedy)라고 하는데, 레메디의 종류는 매우 많아 5,000가지 정도 된다. 이 레메디는 다양한 원료로 만드는데 동물, 식물, 광물 등이 주류를 이루고, 세균이나 곰팡이로 만든 레메디도 있으며 심지어 태양광으로 만든 레메디도 있다. 이러한 레메디는 원료를 희석(dilution)과 진탕(흔들기, succussion)이라고 하는 과정을 거쳐서 만들며, 많이 희석할수록 더 고역가의 레메디가 된다. 이렇게 희석될수록 효과가 강해진다는 동종 요법의 개념은 서양 의학의 물질적인 분석으로는 이해하기 어려운 부분이다. 동종 요법은 서양 의학과는 완전히 패러다임이 다른 의료 체계이다. 동종 요법에서 사용하는 레메디는 물질로 치료하는 것이 아니라 물질의 속성, 물질의 기(氣)로 치료하는 약물이다.

생명은 오랜 생명의 역사를 통해서 스스로 건강하게 살 수 있도록 진화되어왔다. 따라서 생명 각각은 어떤 요인으로 인해 질병에 걸렸을 경우 스스로 치유할 수 있는 치유 능력이 있다. 그런데 어떤 원인으로 면역 시스템이 스스로 치유할 수 없는 상태가 되었을 때, 동종 요법 레메디는 면역 시스템이 제 기능을 할 수 있도록 촉매 역할을 한다.[82] 배터리가 방전된 차량은 움직이지 못하지만, 다른 차에서 전기를 점프만 시켜주면 차량이 움직이는 것과 비슷한 원리다.

서양 의학의 약리학적 시각에서는 쉽게 받아들이기 힘든 이론이지만, 질환이 있는 경우 적절한 레메디를 선택해 적용하면 몸은 빠른 치유의 과정을 거치게 된다. 레메디의 선택은 개의 체질이나 병력, 피부의 상태 등을 보고 한다. 질환이 오래되지 않고 단순한 경우 적절한 레메디 하나만으로도 충분히 효과를 볼 수 있지만, 아토피와 같은 만성 질환은 다양한 증상이 양파 껍질같이 겹겹이 싸여 있는 상태이다. 동종 요법은 질환의 상태가 양파 껍질을 하나씩 벗길 때마다 달라진다고 생각한다. 그래서 레메디도 상태의 변화에 따라 다른 것을 적용한다.

아토피에 도움이 되는 주요 동종 요법 레메디에는 다음과 같은 것들이 있다.[83][84]

■ 모르간 퓨어(Morgan pure)
아토피에 일차적으로 사용할 수 있는 레메디로 장내 세균총의 분비물로 만들어졌다. 이 레메디만으로도 많은 경우 아토피 증상이 개선된다.[85] 모르간 퓨어는 피부나 간의 만성적인 문제에 도움이 된다. 습진에도 주로 쓰이며, 특히 열에 의해서 악화가 되는 습진에 효과적이다.

■ 아피스 멜리피카(Apis mellifica)
꿀벌의 독으로 만든 레메디이다. 벌레에 물리거나 쏘였을 때 유용하며, 벌에 쏘였을 때의 따끔하고 화끈거리는 것 같은 증상을 보이는 가려움증에 사용한다. 이 레메디가 필요한 피부 증상은 열에 닿으면 악화되고 차갑게 하면 호전된다.

■ 알세니쿰 알붐(Arsenicum album)

비소로 만든 레메디이다. 피부가 건조하고 비늘 모양의 각질이 떨어지며, 털이 거칠고 건조한 동물에 사용된다. 이 레메디가 필요한 피부 증상은 안절부절못하고 운동 후에 증상이 악화되며, 특히 한밤중에 심해지고 여름에 호전되었다가 겨울에 심해진다. 심한 통증을 호소하며, 따뜻하게 해주면 가려움증이 호전된다.

■ 코르티손(Cortisone)

부신 피질 호르몬인 코르티코스테로이드로 만든 레메디이다. 일반적으로 처방되는 스테로이드 약물은 피부의 가려움증이나 염증 반응에 탁월한 효과를 보이지만, 장기간 사용할 경우 면역력을 저하시키는 등 다양한 문제를 일으킨다. 하지만 동종 요법에서 사용하는 코르티손 레메디는 천연 스테로이드로서 그러한 부작용이 없다. 가려움증과 발진, 통증 완화, 그리고 알레르기에 효과적이다.

■ 그라파이트(Graphites)

흑연으로 만든 레메디이다. 쉽게 갈라지는 피부와 진물이 흐르는 상처 부위에 사용한다. 집중을 잘 못하고, 추위를 잘 타며 추울 때에는 증상이 약화되는 동물에게 처방한다.

■ 헤팔 설페리쿰(Hepar sulphuricum)

황산칼슘으로 만든 레메디이다. 귀에서 고름이 나오거나 피부가 곪아서 고름이 나오는 등 피부에 생기는 모든 농포에 효과적이다. 이 레메디가 필요한 피부 증상은 통증으로 예민한 반응을 보이며 찬바람에 증상이 악화된다. 반면 따뜻한 곳에서는 증상이 호전된다.

■ 라이코포디움(Lycopodium)

석송(石松)으로 만든 레메디이다. 가려움증이 매우 심한 옴이나 농가진 등의 피부 질환에 효과적이다. 탈모 증상을 보이는 피부 질환에 도움이 되며, 털의 성장을 자극한다. 이 레메디가 필요한 피부 증상을 보이는 동물은 주로 소심한 성격이며, 증상은 새벽이나 오후에 심해지고 자정 무렵에는 완화된다.

■ 메제리움(Mezereum)

서향나무의 수지(樹脂)로 만든 레메디이다. 발진과 궤양에 사용하는 레메디로 끊임없이 가려워하는 동물에게 효과적이다. 특히 증상이 나타나지 않는데 가려워하는 동물에게 효과적이다. 이 레메디가 필요한 피부 가려움증은 심하게 긁게 만들며, 긁으면 가려움증은 다른 곳으로 옮겨간다. 이 가려움증은 따뜻한 곳에서 악화된다.

■ 러스 톡시코덴드론(Rhus toxicodendron)

담쟁이덩굴 독으로 만든 레메디이다. 담쟁이덩굴 독에 올랐을 때 울퉁불퉁 생기는 발진과 매우 심한 가려움증과 같은 증상에 사용된다. 피부 염증 부위가 붓고 심하게 가려움증을 보일 때 효과적이다. 이 레메디가 필요한 피부 증상은 춥고 습한 날씨, 비가 오거나 밤이 되면 악화되고, 따뜻해지거나 움직이면 호전된다. 그래서 이 증상을 보이는 동물은 끊임없이 움직인다.

■ 스타필로코키눔(Staphylococcinum)

피부 상재균인 스타필로코코스로 만든 레메디이다. 세균 감염성 피부 질환에 효과적이다. 이 레메디는 다른 동종 요법 약물이나 항생제와 동시에 사용해도 효과적이다.

■ 설퍼(Sulphur)

유황으로 만든 레메디이다. 아토피 피부염을 포함한 동물의 피부 질환에 매우 흔하게 사용되는 약물이다. 피부에 발진이 있거나 가려워하는 경우 매우 효과적이다. 이 레메디가 필요한 피부 증상을 보이는 동물은 더위와 밀폐된 방을 견디지 못하며, 분비물에서는 악취가 나고 겨울에는 피부가 갈라진다.

■ 투자 옥시덴탈리스(Thuja occidentalis)

측백나무 잎으로 만든 레메디이다. 백신 접종을 한 후에 발생하는 피부염과 같은 부작용을 완화하기 위해 사용된다. 또 백신 접종을 하기 전에 부작용을 감소시킬 목적으로도 추천된다. 피부에 생긴 사마귀나 종양을 제거하기 위해 사용된다. 이 레메디가 필요한 피부 증상은 습한 날에 더욱 악화된다.

국내에서 이런 동종 요법 레메디를 구하는 것은 쉽지 않다. 하지만 인터넷에서 'homeopathy'를 검색해보면 레메디를 구입할 수 있는 많은 외국 사이트를 찾을 수 있다. 모르간 퓨어는 Ainsworths (www. ainsworths.com) 사이트를 이용하면 구할 수 있다. 레메디는 효능에 따라 여러 가지 역가가 있는데, 심하지 않은 아토피에는 역가 LM1인 모르간 퓨어를 하루에 한 번씩 투여하면 증상이 개선될 수 있다.

동종 요법 약물은 가정상비약처럼 준비해두고 사용할 수 있다. 자주 사용하는 몇 가지 레메디 정도는 동종 요법 책을 참고하며 투여할 수가 있고, 심하지 않은 증상에는 큰 효과를 볼 수도 있다. 하지만 오랫동안 아토피를 앓아온 대부분의 개들은 이미 많은 약물을 투여 받았고 또 피부도 많이 손상된 상태이기 때문에, 한두 가지 동종 요법 레메디로 쉽게 호전되지 않는다. 그러므로 모르간 퓨어나 기본적인 동종 요법 약물로 반응이 없는 경우 동종 요법 전문가에게 상담을 받는 것이 좋다.

> **Tip** 동종 요법을 이해하는 데 도움이 되는 책
>
> ■ 《개 · 고양이 자연주의 육아백과》, 리처드 H. 피케른, 수전 허블 피케른(2010)
> 개, 고양이의 건강과 삶의 질을 개선하기 위해 기존의 틀에서 벗어나 새로운 패러다임을 제시한 책으로, 다양한 질병에 사용할 수 있는 동종 요법 약물을 소개하고 있다.
>
> ■ 《고양이와 개의 동종요법》, 돈 해밀튼(Don Hamilton), 양현국 편저(2006)
> 동종 요법의 개념과 반려동물의 다양한 증상에 따른 레메디 사용법을 소개하고 있다.
>
> ■ 《동종요법 가이드북》, 유이 토라코(2012)
> 일본의 유명한 동종 요법 치료자가 일반인을 위해 동종 요법의 개념에서부터 실생활에 자주 이용할 수 있는 몇 가지 레메디를 소개하고 있다. 임상 경험에서 얻은 실제 사례들을 통해 동종 요법을 쉽게 설명해준다. 2014년 출간된 어린이편은 아이에게 흔하게 발생하

는 증상에 동종 요법을 적용하는 데 도움이 된다.

■《아토피 유럽자연의학에서 답을 찾다》, 김정곤(2012)
　　가정의학과 전문의인 저자가 동종 요법을 이용해 아토피를 치료한 많은 사례를 담고 있다. 또 아토피에 유용한 레메디를 구입할 수 있는 방법도 자세히 소개하고 있다.

체질 개선과 독소 배출에 도움이 되는 한방

개 아토피에 활용할 수 있는 또 하나의 의료 체계로 한방이 있다. 중국의 전통 의학인 한방은《황제내경》이라는 책을 학문적 기반으로 하여 발전해왔으며, 우주의 조화를 바탕으로 하는 형이상학적인 측면이 있는 의료 체계이다. 한방에서는 우주가 음양의 조화 속에서 순환하기에 그러한 흐름 속에 있을 때 인체 또한 건강한 상태라고 여긴다. 그에 반해 인체와 자연의 관계가 파괴되고 신체의 온전한 순환에 문제가 생겼을 때 그것을 질병이라고 여긴다. 그래서 한방은 음양의 과도한 차이나 각 장기의 부조화 또 에너지의 허실을 팔강(八綱), 상한(傷寒), 온역(溫疫), 육경변증(六經辨證)으로 병증을 파악해 심신의 균형 조화를 도모한다.[86]

한방에서는 아토피에 대해 특정 병명을 붙이지 않고 있으며, 단지 아토피를 피부에 나타난 염증의 한 종류로 생각한다. 따라서 얼굴, 목, 다리 등 각 부위와 습진, 가려움, 각질, 건조, 반진 등 증상에 따라 병명과 처방이 달라진다. 과거에는 아토피 증상을 태열이라고 하여 양수의 독성 때문에 발생하며 자라면서 자연스럽게 낫는다고 보았다. 그에 비해 최근에 성인에게서 나타나는 아토피에 대해서는 주요 인으로 체질과 환경 오염, 그리고 스트레스 등을 꼽는다. 한방에서는 우리가 흔히 접하는 한약이라 부르는 생약 요법과 운동 요법, 자극 요법(침, 뜸, 지압, 부황 등)을 이용해 질병을 치료한다.

한방에서는 자연에서 얻을 수 있는 다양한 약재를 아토피 치료에 이용한다. 아토피를 앓게 되면 피부가 뜨겁고 습해지기 때문에 이러한 화기와 습기를 없애기 위해 황백, 방풍, 형개, 부평초, 백지, 창출, 차전자, 시호, 황금, 석고, 당귀, 창이자, 마황, 고삼, 백강잠, 오매 등과 같이 주로 찬 성질의 약재를 사용한다.[87] 이런 약재를 조합한 한약 제제에는 다음과 같은 것들이 있으며, 각각 체질이나 질병의 상태에 따라 사용한다.

■ 가미귀비탕: 목향, 산조인, 당귀, 목단피, 복령, 황기, 백출, 인삼, 대추, 감초, 치자, 원지, 시호, 용안육, 건강(乾薑) 등으로 만든다. 허약 체질로 혈색이 좋지 않을 때 사용한다.

■ 독활지황탕: 숙지황, 산수유, 복령, 택사, 목단피, 방풍, 독활 등으로 만든다. 피부 건조로 인해 가려움증이 심할 때 사용한다.

■ 백호가인삼탕: 갱미, 지모, 석고, 감초, 인삼 등으로 만든다. 목이 마르고 피부가 화끈거리는 증상에 사용한다.

■ 보중익기탕: 황기, 인삼, 백출, 감초, 당귀, 진피, 승마, 시로 등으로 만든다. 소화 기능을 개선해 면역 기능을 증강시킴으로써 피부 혈액 순환을 돕는다.

■ 사물탕: 당귀, 작약, 천궁, 숙지황 등으로 만든다. 피부가 건조하고 안색이 좋지 않은 체질에 사용한다.

■ 시호청간탕: 시호, 당귀, 백작약, 천궁, 숙지황, 황련, 황백, 치자, 연교, 길경, 우방자, 괄루근, 박하, 감초 등으로 만든다. 신경질이 심한 체질로 만성 재발성 아토피로 인해 피부 전체가 암적 색조를 띨 때 사용한다.

■ 십미패독탕: 시호, 길경, 방풍, 천궁, 복령, 독활, 형개, 감초, 생강, 앵피 등으로 만든다. 체력이 보통 정도인 환자가 심한 피부 발적, 급성 피부 질환 초기, 두드러기, 습진 등이 있을 때 사용한다.

■ 오령산: 택사, 저령, 복령, 백출, 계지 등으로 만든다. 목마름, 구토, 복통을 수반하는 물 설사, 급성 위장염, 부종 등에 사용한다.

■ 용담사간탕: 당귀, 지황, 목통, 황금, 택사, 차전자, 용담, 치자, 감초 등으로 만든다. 체격이 있는 환자가 피부가 습하고 피부 분비물이 많고 발적이 심할 때 사용한다.

■ 의이인탕: 마황, 당귀, 백출, 의이인, 계지, 작약, 감초 등으로 만든다. 피부가 건조하고 비듬이 많이 떨어질 때 사용한다.

■ 자음강화탕: 백출, 진피, 생강, 생지황, 천문동, 백작약, 황백, 지모, 맥문동, 대추, 당귀, 감초 등으로 만든다. 피부가 건조해 마르고 갈라지며 소양감이 있을 때 사용한다.

■ 청열해독산: 감초, 강활, 건갈, 백작약, 생지황, 석고, 승마, 인삼, 지모, 황금, 황련 등으로 만든다. 체내에 누적된 독소 배출을 촉진함으로써 피부 상태가 개선되도록 돕는다.

■ 황련해독탕: 황견, 황금, 황백, 치자 등으로 만든다. 피부가 건조하고 가려움증이 심할 때 사용한다. 장기간 사용 시 피부를 건조하게 만들므로 장기 사용에 주의해야 한다.

초기 신호를 놓치지 말라

우리 속담에 "호미로 막을 것을 가래로 막는다"라는 말이 있다. 커지기 전에 처리했으면 쉽게 해결되었을 일을 방치해두었다가 나중에 큰 힘을 들이게 된 경우를 비유적으로 이르는 말이다. 아토피 또한 다르지 않다. 아토피도 초기에 예방하면 심해지는 것을 막을 수 있다. 그런데 초기 상태를 방치하고 있다가 나중에 심해진 후 고치려고 하니 잘 고쳐지지 않는다. 그럼 어떻게 하면 아토피를 초기에 예방할 수 있을까?

아토피는 몸에 유익하지 않은 물질이 들어온 것에 대한 면역 반응이고 경계 반응이다. 개는 몸에 무엇인가 좋지 않은 것이 들어오면 그것을 어떻게 하든지 제거하려고 한다. 아토피를 유발하는 물질들은 대부분 미량의 성분들이고 자극 또한 미약한 것들이다. 만약 독성이 강했다면 식품 첨가제나 사료 첨가제로 허가를 받지 못했을 것이다. 하지만 자극이 미약하다고 해도 생명에 유익하지 않다면 생명은 바로 감지해 반응을 한다. 그것이 생명력이다. 이런 유익하지 않은 물질이 몸에 들어오면, 몸은 그 유익하지 않은 물질들을 신체의 중요한 장기로부터 최대한 먼 곳에 축적한다. 그리고 해로운 물질이 축적된 곳에서 염증 반응이 일어나고 가려움증이 나타난다. 개에게 나타나는 첫 번째 표현이 발가락 사이를 핥는 것이고, 그다음은 귀를 긁는 것이다. 발가락을 핥거나 귀를 긁더라도 그것이 단지 발가락이나 귀의 문제만은 아니다.

이것은 정말로 중요한 신체의 신호(signal)다. 아토피가 있는 개의 보호자들에게 물어보면 아토피 증상이 심해지기 전에 처음에는 발가락 사이를 핥기 시작했다고 한다. 그때에는 발가락 사이만을 핥을 뿐 다른 곳에는 증상이 전혀 없었다. 또 동물병원에 가서 발가락 사이를 살펴봐도 특별한 원인을 찾지 못했다. 발가락 사이를 핥아서 동물병원에 가도, 특별한 원인을 찾지 못한 채 가려움증을 완화시켜주는 대증 요법식 주사나 약을 처방받아서 먹이면 가려움증이 가라앉는다. 그런데 시간이 지나면 다시 발가락 사이를 핥는다.

개 아토피의 초기 경계경보는 발가락 사이를 핥는 것임을 명확하게 인식하고 있어야 한다. 키우는 개가 발가락 사이를 핥기 시작했다면 개에게 무엇인가 가려움증을 일으키는 요인이 있다는 것을 인식하고, 그 원인을 찾아서 배제시키려는 노력을 해야 한다. 그런데 그 초기 경계경보를 인식하지 못하고 그냥 습관이려니 하고 방치하기 때문에, 시간이 지나면서 외이염을 비롯해 전신적인 아토피 피부염 증상을 보이게 된다.

개가 발가락 사이를 핥는 아토피 초기 경계경보 증상을 보일 때, 가장 먼저 해야 할 일은 먹는 것을 모두 바꾸는 것이다. 앞에서도 이야기했듯이 아토피는 여러 가지 요인으로 인해 발생하는데, 그중 80% 이상이 먹는 것 때문에 발생한다. 특히 개의 사료를 만드는 재료 중에는 쓰레기라고 표현해도 과하지 않을 육가공 부산물들도 많다. 또 사료 첨가물들이 들어가 있다. 그렇게 좋지 않은 먹거리를 먹기 때문에 나이가 들어가면서 기본적인 피부의 면역이 고갈되고 피부 손상이 누적되어 증상이 나타난다. 이 문제를 해결하기 위해서는 먹거리를 반드시 바꾸어야 한다.

지금 먹이고 있는 사료가 인터넷에서는 유명한 사료라고 소문이 났든 또는 다른 개들에게는 효과가 있든 간에, 키우고 있는 반려견이 발가락 사이를 핥는다면 지금 먹이고 있는 사료를 무조건 바꾸어야 한다. 아토피의 리트머스 시험지는 발가락 사이를 핥는 증상이라고 생각하면 된다. 사료가 좋은 것인지 그렇지 않은 것인지 다른 사람의 이야기를 들을 필요 없이, 반려견이 발가락 사이를 핥는 증상을 보고 판단하면 된다. 그 증상이 개선되지 않으면 모든 먹거리를 다 바꾸어야 한다. 정말 좋은 먹거리를 먹이면 면역력이 되살아나 시간이 지나면서 피부 전체 상태도 좋아지고, 멈추지 않을 것 같던 발가락 사이를 핥는 증상도 알게 모르게 사라진다.

또한 아토피를 유발할 수 있는 다른 원인들도 찾아서 해결해야 한다. 먹는 것을 바꾸었는데도 증상이 개선되지 않는다면, 무엇이 원인이 될 수 있을까 끝없이 고민하고 의심이 되는 것을 제거해주어야 한다. 그리고 면역력을 증진시킬 수 있는 방법을 모색해야 한다. 하지만 초기 신호를 무시하고 방치하는 경우, 기본적인 피부 면역이 고갈되고 피부의 방어 시스템이 붕괴되면서 회복하기 힘든 상태로까지 발전할 수 있다. 호미로 막을 수 있을 때 호미로 막는 것이 최선의 방법이다. 호미로 막을 수 있는 것을 방치하면 나중에는 포클레인으로도 막지 못하는 상태가 될 수도 있다. 그것이 아토피다.

자연치유력으로 아토피를 벗어나는 방법

1. 면역력을 되살려줄 수 있는 건강한 먹거리를 먹인다.

2. 사료 첨가제와 같이 자연에 존재하지 않던 물질이 들어간 먹이는 멀리한다.

3. 고기는 되도록 줄이고 야채나 과일을 많이 먹인다. 경제적 부담이 되지 않는다면 유기농을 먹인다.

4. 유산균으로 장내 면역력을 높여준다.

5. 오메가3와 피부 영양소, 비타민을 피부 영양제로 보충해준다.

6. 합성 계면 활성제가 들어가지 않은 천연 샴푸로 피부를 보호해준다.

7. 정신적 스트레스 요인이 있는지 찾아서 해결해준다.

8. 육체적인 건강을 위해 규칙적으로 산책을 시켜주고 햇빛을 쪼여준다.

9. 장기간의 스테로이드나 항히스타민, 항생제의 사용은 좋지 않다. 한방이나 동종 요법, 아로마 테라피와 같은 대체 요법을 이용해 디톡스와 면역력 상승을 통해 가려움증을 관리한다.

10. 예방 주사를 비롯해 모든 약물의 사용에 신중을 기한다.

11. 집 안에 알레르겐이 될 수 있는 것이 무엇이 있는지 항상 고민하고 제거해 접촉하지 않게 해준다.

12. 창문을 자주 열어 환기를 시켜 진드기나 곰팡이가 과다하게 증식되지 않게 해준다. 또 진드기의 서식처가 되는 카펫은 사용하지 않는다.

13. 아토피에 공기가 끼치는 영향도 적지 않다. 미세먼지나 자

동차 매연으로 오염된 공기를 멀리하고, 자주 산이나 자연으로 나가 신선한 공기를 마시도록 한다.

14. 이 세상에는 알레르겐이 될 수 있는 것이 너무나 많다. 심한 알레르기 반응을 보이는 알레르겐은 피해야 하지만, 약한 알레르기 반응까지 모두 제거하는 것은 멀리 봤을 때 좋지 않다. 스스로 알레르기를 이겨낼 수 있도록 면역력을 키울 수 있는 방법을 모색한다.

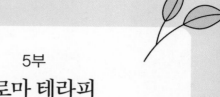

5부

아로마 테라피

아로마 테라피의 역사

아로마 테라피(Aroma therapy)는 향기(Aroma)와 치료법(Therapy)이 합쳐진 말로 향기 요법이라고도 불린다. 아로마 테라피는 다양한 식물에서 채취한 에센셜 오일을 이용해 신체적, 정신적 문제를 종합적으로 치유해주는 전인적 치유법(Holistic therapy)이다.

인류가 질병 치료에 식물을 이용한 지는 오래되었다. 고대 이집트에서는 사후 세계의 영생을 위해 시체 보전 처리에 몰약과 유향을 사용했으며, 고대 인도에서는 질병의 치료나 종교 의식에 계피, 생강, 백단향 등을 사용했다. 성경을 보면 예수가 탄생했을 때 동방 박사가 찾아와서 황금, 유향, 몰약을 선물하는 장면이 있다. 여기에 나오는 유향과 몰약이 에센셜 오일인 프랑킨센스(frankincense)와 멀(myrrh, 미르)이다. 프랑킨센스는 출산 시 진정 작용을 하고 산후 증후군을 개선하는 효과가 있으며,

멀은 자궁의 염증을 예방하고 치료하는 효과가 있다. 또 중국에서는 수천 년 전부터 식물과 허브를 한약의 재료로 사용했다. 그 밖에도 수많은 부족들이 자연의 식물을 의학적인 용도로 사용했다. 오늘날에도 제약 회사들이 신약을 개발할 때 소수 부족들이 전통적으로 사용하여온 민간요법을 조사하여, 그 치료법에 사용된 약초를 분석함으로써 원료를 찾아내는 방법을 이용한다.

이런 허브의 전통적인 이용 방법에서 현대의 아로마 테라피로 발전한 것은 프랑스의 화학자 르네 모리스 가트포세(René-Maurice Gatterfossé)에 의해서다. 가트포세는 향료 실험을 하던 중 폭발 사고로 손에 화상을 입었는데, 곁에 있던 라벤더 오일에 손을 담근 후 손이 깨끗이 치유되자 에센셜 오일에 대한 본격적인 연구를 시작했다. 그러한 연구를 바탕으로 가트포세는 1928년 과학 잡지에 '아로마 테라피' 라는 용어를 처음 사용했다.

하지만 대중의 관심은 받지 못하고 있다가 제2차 세계 대전 때 프랑스의 의사 장 발네(Jean Valnet)가 부상을 당한 군인들에게 방부제 효과가 있는 에센셜 오일로 상처를 치료하면서 에센셜 오일의 탁월한 세포 재생 효과가 알려졌다. 그 이후로 아로마 테라피는 빠른 속도로 대중화되기 시작했다. 이 후

로버트 티저랜드(Robert Tisserand)가 아로마 테라피를 임상 테라피로 발전시켰으며, 1977년 《The Art of Aromatherapy》를 저술했다. 이 후 많은 연구자들에 의해 아로마 테라피의 효능이 부각되면서 전 세계로 확산되었다.

에센셜 오일은 100% 식물에서 추출해내는 오일로, 몸의 면역력을 높여주고 생체 방어 시스템을 활발하게 함으로써 건강을 회복시킨다. 아로마 테라피는 이와 같이 자연에서 추출한 에센셜 오일을 사용해 건강을 증진시켜주고 인체의 항상성을 유지할 수 있도록 도와주는 자연 요법이다.

면역력 회복과 가려움 완화를 돕는 에센셜 오일

먹거리를 개선시켜주고, 아토피의 원인이 될 수 있는 요인들을 찾아서 제거해주고, 또 면역력이 높아질 수 있는 방법을 찾아서 도와주면, 대부분의 개 아토피 증상은 시간이 지나면서 자연스럽게 치유된다. 하지만 아토피가 심한 경우에는 그 기간 동안 가려움증으로 많이 괴로워한다. 이런 경우에는 불가피하게 가려움증을 관리해주어야 한다.

가려움증을 지속적으로 관리해줄 수 있는 방법에는 여러 가지가 있다. 가장 쉽게 접할 수 있는 것은 동물병원에서 흔히 사용되는 대증 요법이다. 대증 요법에는 보통 스테로이드, 항히스타민제, 항생제 등이 사용된다. 이 약물들은 단기간에 사용하기에는 효과가 좋다. 하지만 장기간 사용했을 때 스테로이드의 부작용으로 면역력이 떨어지거나 항생제 내성을 일으키고, 또 간이나 신장의 손상을 불러올 수가 있다. 그래서 당장 심한 가려움증을 완화시키는 등의 목적으로는 좋지만, 지속적인 관리에 대중 요법을 이용하는 것은 몸에 부담이 된다. 이럴 때 적용할 수 있는 대체 요법 중의 하나가 에센셜 오일을 이용한 아로마 테라피다.

동물은 적이 오거나 위험한 상황이 닥치면 안전한 곳으로 대피한다. 또 상처가 나면 핥아서 상처를 치유한다. 하지만 식물은 움직일 수 없기 때문에 몸을 피하지 못하고 제자리에 가만히 있는 상태에서 스스로 자신을 지킨다. 이렇게 식물은 제자리에서 적들로부터 자신을 지키는 능력을 갖고 있으며, 그것을 가능하도록 해주는 것이 에센셜 오일이다. 에센셜 오일은 식물에게 동물의 백혈구와 호르몬, 페로몬과 같은 역할을 한다. 식물 자체의 정보를 교환해 항상성을 유지하며, 침입한 세균에 대해 항미생물 작용을 하고, 상처 난 부분을 치유해주는 역할을 하며, 면역력을 촉진하는 작용을 한다.[88]

또 꽃에서 생성되는 에센셜 오일은 수분(꽃가루받이)을 위해 곤충을 유인하고, 줄기나 뿌리에서 생성되는 에센셜 오일은 미생물과 곤충에 대한 방어 화합물로써 작용한다. 아로마 테라피는 이러한 기능을 하는 에센셜 오일을 이용하는 치료법으로서, 아토피로 인해 저하된 면역력 회복과 가려움증 완화에 도움을 준다. 그뿐만 아니라 인공적인 성분이

배재된 자연 요법이므로 건강한 피부 관리 및 스트
레스 완화에도 좋다.

에센셜 오일의 특성

아로마 테라피는 방향성 식물에서 추출해낸 에센셜 오일(essential oil)을 이용한다. 에센셜 오일은 식물의 꽃, 잎, 과일 껍질, 열매, 씨, 수지, 목재, 뿌리 등에서 추출한다. 대부분의 에센셜 오일은 하나의 식물에서 한 가지를 얻는다. 예외적으로 비터오렌지는 열매 껍질에서 비터오렌지 오일을, 꽃에서는 네롤리를, 그리고 잎과 잔가지에서 페티그레인을 추출한다.

에센셜 오일은 압착법이나 증류법, 용매 추출법과 같은 방법을 이용해 추출한다. 예전에는 목재 틀에 얹은 유리에 지방을 얇게 펴고 그 위에 신선한 꽃잎을 얹어서, 꽃잎에서 방향 성분의 오일이 스며 나오도록 하는 냉침법을 사용하기도 했다. 하지만 이러한 방식은 많은 노동력과 시간이 필요해서, 최근에는 대부분 뜨거운 용매를 식물에 부어 에센셜 오일 성분을 뽑아내는 용매 추출법을 이용해 에센셜 오일을 얻는다.

또 뜨거운 증기를 통과시켜 에센셜 오일을 얻는 증기 증류 추출법을 이용하기도 하는데, 이때 에센셜 오일을 뽑아내고 남은 물을 플로럴 워터(floral water) 또는 하이드로솔(hydrosol, 히드로졸)이라고 한다. 플로럴 워터에도 다양한 수용성 성분이 녹아 있기 때문에 여러 가지 용도로 사용된다. 고양이의 경우 에센셜 오일이 강한 자극을 주기 때문에, 필요에 따라 에센셜 오일 대신 플로럴 워터를 사용한다.

에센셜 오일은 특유의 향을 내며 이러한 향이 동물의 후각을 자극해 감성과 정신, 신체 상태에 긍정적인 자극을 준다. 식물에서 뽑아낸 에센셜 오일은 고농도이다. 장미꽃 1,000kg에서 추출할 수 있는 에센셜 오일은 500g 정도이며, 가장 널리 사용되는 라벤더는 꽃 1,000kg에서 약 20kg의 에센셜 오일을 추출할 수 있다.

에센셜 오일은 사용되는 많은 재료에 비해 추출되는 에센셜 오일의 양이 적고, 또 꽃을 수확하는 데 많은 노동력을 필요로 하기 때문에 가격이 비쌀 수밖에 없다. 특히 로즈나 멜리사, 네롤리, 재스민과 같은 에센셜 오일은 가격이 매우 비싸다. 그래서 유사한 향을 내는 가짜 에센셜 오일을 섞거나 알코올로 희석해 양을 늘린 오일들이 많다. 이러한 행위를

'섞음질'이라고 하는데, 판매되는 제품들 중에는 다양한 형태로 섞음질을 한 제품들이 많기 때문에 구입 시 주의해야 한다.

특히 아로마 테라피는 에센셜 오일에 의해서 효능이 나타나기 때문에, 품질이 떨어지는 오일을 사용하는 경우 원하는 효과를 얻을 수 없다. 그러므로 아로마 테라피에 사용하는 에센셜 오일은 품질을 믿을 수 있는 곳에서 구입해야 한다. 또 오일 중에는 비슷한 타입의 오일들이 있다. 하지만 효능은 제각각이다. 따라서 오일을 구입할 때에는 반드시 학명을 확인하고 구입해야 한다.

에센셜 오일은 고농도이기 때문에 피부에 직접 바르면 강한 자극을 주게 된다. 라벤더나 티트리의 경우에는 필요에 따라 예외적으로 원액을 사용하는 경우도 있지만, 반드시 희석해서 사용해야 한다. 에센셜 오일은 지용성이며 알코올에 용해되는 성질이 있어, 사용할 때에는 캐리어 오일에 희석해서 사용한다. 용도에 따라 몇 가지 에센셜 오일을 선택한 후에 캐리어 오일에 희석하는 과정을 '블렌딩'이라고 한다.

또 에센셜 오일은 휘발성이 있기 때문에, 사용 후 오일 마개를 단단히 닫아두지 않으면 휘발되어 없어진다. 에센셜 오일은 햇빛에 의해 산화되기 때문에 갈색 병에 담아 햇빛이 닿지 않는 곳에 보관하며, 냉장고에 보관하는 경우 휘발과 산화를 억제할 수 있기 때문에 좀 더 오래 보관할 수 있다.

에센셜 오일의 화학적 특성

에센셜 오일은 탄소와 수소, 산소로 구성되어 있는 유기 화합물이다. 에센셜 오일의 기본 단위는 탄소가 5개인 이소프렌(isoprene, C_5H_8)이며, 이소프렌이 2개 결합한 것이 에센셜 오일의 대표적 성분인 모노테르펜(monoterpene)이고 3개 결합한 것이 세스쿼테르펜(sesquiterpen)이다. 이 모노테르펜이나 세스쿼테르펜에 다양한

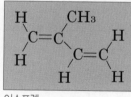
이소프렌

작용기가 결합해 알코올, 페놀, 알데하이드, 케톤, 에스테르, 산화물, 산, 락톤 등의 유기 화합물을 이룬다. 이 작용기에 따라 에센셜 오일은 각각의 고유한 특성을 갖게 된다.

하나의 에센셜 오일에는 이들 유기 화합물이 수십에서 수백 가지까지 다양하게 혼합되어 있으며, 하나의 에센셜 오일에 어떤 유기 화합물이 얼마만

큼 들어 있는지 그 비율에 따라서 에센셜 오일의 특성과 효능이 결정된다. 따라서 각 유기 화합물의 특성을 알아두는 것이 에센셜 오일을 활용하는 데 큰 도움이 된다. 가령 오렌지나 만다린과 같은 시트러스 계열(귤과 식물 오일)은 모노테르펜 화합물이 많이 들어 있으며, 따라서 이들 오일은 모노테르펜의 기본적인 특성을 보인다. 또 어떤 오일은 미량 들어 있는 성분이 그 오일의 특징적인 효능을 가져오기도 하기 때문에, 미량 성분의 기능 또한 무시해서는 안 된다.

1 모노테르펜

모노테르펜은 10개의 탄소 원자로 이루어졌으며, 에센셜 오일을 구성하는 가장 대표적인 유기 분자이다. 점도가 약하고 분자량이 적어 잘 휘발되며, 오렌지 향과 같이 가볍고 상쾌한 느낌을 준다. 또 쉽게 산화되며 시트러스 계열(오렌지, 레몬, 만다린, 그레이프프루트, 베르가못)의 오일은 광과민성이 있어 피부에 자극을 주므로, 사용 후 바로 햇빛에 노출되는 것은 피해야 한다.

강장, 살균, 항균, 항진균, 항바이러스, 살충 작용을 한다.

대표 오일: 오렌지, 만다린, 네롤리, 파인, 주니퍼

베리, 프랑킨센스 등

2 세스퀴테르펜

세스퀴테르펜계는 15개의 탄소 원자로 이루어졌으며, 주로 목질, 뿌리 및 국화과 식물에서 얻는다.

항균, 항생, 항진균, 항바이러스, 항히스타민, 항알러지, 신경 진정, 항경련, 항염 작용을 한다.

대표 오일: 저먼 카모마일, 멀, 베티버, 진저, 시더우드, 파출리 등

3 알코올

알코올계는 비교적 안전하고 멸균성이 있으며, 상쾌하고 심리적으로 기분을 향상시키는 고양 효과가 있다.

강력한 항균, 항진균성이 있으며 항염 효과가 좋고, 근육 및 신경의 항경련 작용 및 이뇨 효과가 있다. 국소적인 마취, 진통 효과가 있으며, 피부에 발랐을 때 시원한 느낌을 준다.

대표 오일: 네롤리, 제라늄, 레몬그라스, 로즈, 바질 등

4 에스테르

에스테르계는 향기로운 꽃 향이나 숙성한 과일

향이 나며 향수에 많이 사용된다.

에스테르계는 매우 유용한 항경련 및 진정 효과가 있으며, 항염 효과도 있다. 신체와 감정을 두루 조화롭게 하고 균형을 유지하는 역할을 한다. 체내에서 쉽게 배출되어 안전한 오일이다.

대표 오일: 라벤더, 베르가못, 재스민, 로만 카모마일, 클라리세이지, 페티그레인 등

5 산화물

산화물계는 탄소 분자 2개 사이에 산소 원자가 들어 있는 형태로, 매우 불안정하여 공기 또는 물에 장시간 노출 시 빨리 산화된다.

강한 거담 작용을 하므로 호흡기 질환에 많이 사용된다.

대표 오일: 유칼립투스, 니아울리, 티트리, 라벤더스파이크 등

6 알데하이드

알데하이드계는 흔히 상쾌한 감귤과 같은 과일 향이 나며, 매우 불안정하여 쉽게 산화된다.

강한 항균, 항바이러스 효과가 있으며 항염, 혈압 강하 효과도 있다.

대표 오일: 레몬그라스, 멜리사 등

⑦ 페놀

페놀계는 알코올계보다 항균성이 더욱 강하고 피부와 점막에 주는 자극이 심하므로, 환자의 피부에 직접 사용하지 않는다. 향이 매우 강하지만 잘 휘발되지 않는다.

매우 강력한 항균, 항바이러스 효과가 있다. 혈액 순환을 자극해 따뜻하게 하므로, 뻣뻣해진 근육을 풀어주는 효과가 있다. 효과는 강력하지만 동물에게는 자극이 되므로 주의해서 사용한다.

대표 오일: 타임, 클로브버드 등

⑧ 케톤

케톤계는 점액의 흐름을 원활하게 하여 피부 세포 조직 형성을 촉진하므로 외상 치료에 효과적이다. 그뿐만 아니라 강력한 거담제로서 만성 기관지 질환, 가래나 기침과 같은 호흡계 문제를 완화시킨다. 하지만 케톤계는 동물에게 자극이 되므로 사용하지 않는다.

대표 오일: 펜넬

⑨ 에테르

에테르계는 적당량을 사용하면 향정신성인 약효를 나타내지만, 과다 사용할 경우 경련을 일으키는 신경 독성을 유발할 수도 있다.

강력한 항균성으로 항감염 효과가 있고, 진정과 진통 효과가 있다. 동물에게는 자극이 되므로 주의해서 사용한다.

대표 오일: 바질(메틸 차비콜), 클로브 버드(유게놀)

개에게 에센셜 오일 적용법

에센셜 오일은 다양한 방식으로 사용할 수 있다. 사용하는 방식에 따라 얻을 수 있는 효과가 다르기 때문에 개의 상태나 증상, 원하는 목적에 따라 적당한 방식을 선택해 이용한다.

🔳 마사지

아로마 테라피를 적용할 수 있는 여러 방법 중 가장 효과적인 방법이 마사지이다. 아로마 테라피 마사지는 신진대사를 증진시키고 노폐물을 제거하며, 근육 이완과 관절의 유연성을 증가시킨다. 또 혈액 순환 개선과 림프 기능을 촉진시키고 피부 상태를 개선하며, 신경계 진정 및 피로 회복과 통증 제거에 효과적이다.[89]

마사지에서 림프의 기능은 중요한 역할을 한다. 림프는 체내의 노폐물이나 손상된 세포, 세균 등을

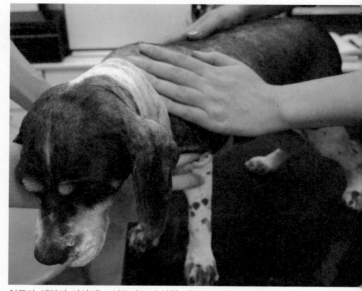

아로마 테라피 마사지는 아토피로 손상된 피부와 소양감이 있거나
건조한 피부의 회복에 효과적이다.

림프절로 이동시켜 신체를 정화시키는 기능을 한
다. 마사지는 조직에 가하는 힘에 의해 자연스럽게
림프선들을 자극하여 림프액의 정체 해소에 도움을
준다. 그리하여 신체의 디톡싱에 큰 역할을 한다.[90]
피부에 문제가 있는 개를 마사지할 때 털이 있으면
에센셜 오일의 흡수에 방해가 되므로, 마사지 전에
털을 깎아준다. 또 심한 아토피로 인해 피부에 지루
가 많이 형성되어 있는 경우 몸에 좋지 않은 독소가

마사지를 하는 과정에서 오일과 함께 흡수될 수 있기 때문에, 마사지를 하기 전에 목욕을 시켜 제거해 준다.

에센셜 오일은 고농도이기 때문에 마사지에 사용할 때에는 반드시 캐리어 오일(carrier oil)에 희석해사용한다. 캐리어 오일로는 호호바 오일이나 스위트아몬드 오일, 포도씨 오일, 헴프씨드(Hemp seed) 오일 등을 사용할 수 있다. 에센셜 오일을 캐리어 오일에 희석하면(블렌딩) 보존 기간이 짧아지기 때문에 사용할 만큼만 블렌딩 한다. 마사지에 사용되는 캐리어 오일의 양은 개의 크기에 따라서 달라지며, 보통 소형견은 10ml면 충분하다. 몸집이 큰 품종은 에센셜 오일은 증량하지 않고 캐리어 오일의 양만 늘린다. 에센셜 오일은 0.2%로 블렌딩을 하여 사용한다. 캐리어 오일 50ml에 에센셜 오일 2방울 비율로 섞으면 된다.

에센셜 오일은 다양한 효과를 볼 수 있다. 하지만 사람이나 개에 따라서 같은 오일에도 다른 반응을 보일 수 있다. 개 중에는 블렌딩 오일에 부작용이 생기는 경우도 있으므로, 반드시 피부 반응 검사를 한 후에 사용한다. 피부 반응 검사는 피부 한 곳에 블렌딩 오일을 조금 바른 후 하루 정도 지켜보는 방식이라서, 실제로 적용하기에는 어려운 부분이 있다. 피부 반응 검사를 하는 대신 약한 비율로 블렌딩을 하여 사용해보고, 가려움증이나 피부 발적이 있으면 다른 에센셜 오일로 교체하거나 희석 비율을 낮추는 방법도 가능하다.

또 아로마 테라피를 적용하면서 개가 안절부절 못하거나, 과도한 호흡을 하거나, 침을 많이 흘리거나, 낑낑거리거나, 코나 몸을 바닥에 부비거나 뒹굴거나, 재채기를 하거나 콧물을 흘리는 등 부작용이 발생할 수 있다. 그럴 경우 즉시 아로마 테라피를 멈추고 환기를 시키며, 개가 물을 충분히 마실 수 있도록 해준다.

2 목욕법

집에서 아로마 테라피를 쉽게 활용할 수 있는 방법은 아로마 목욕법이다. 목욕법은 심신의 피로 회복, 긴장감 해소와 신경계 이완에 좋다. 또 대사 과정에서 생기는 노폐물과 염증 제거, 통증 완화, 피부 상태의 개선에 도움이 된다.

목욕에 에센셜 오일을 이용할 때에도 에센셜 오일 원액을 사용하면 안 된다. 원액이 피부에 닿으면 자극을 주기 때문이다. 에센셜 오일이 목욕물에 잘 섞여 희석되게 해주는 유화제(emulsifier)를 사용하도록 한다. 유화제로는 캐리어 오일이나 지방을 제거하지 않은 우유, 무향의 샴푸를 사용할 수 있다. 또 피부의 염증 완화에 효과가 좋은 유황 소금에 섞어서 사용해도 된다. 유화제에 에센셜 오일 2방울을 혼합해 목욕물에 붓고, 그 물속에서 10분가량 개의 온몸을 부드럽게 마사지해준다.

❸ 기화법

기화법은 에센셜 오일을 기화시켜 그 향을 흡입함으로써 아로마 테라피 효과를 가져오게 하는 방법이다. 기화법에 흔히 사용하는 것은 오일 버너이다. 오일 버너의 접시에 물을 붓고, 증상에 따라 사용하고자 하는 에센셜 오일을 선택해 2방울을 떨어

다양한 모양의 오일 버너.

뜨린다. 오일 버너에 사용하는 티라이트(tealight)로 물을 가열해 에센셜 오일이 기화되도록 한다. 티라이트는 파라핀과 팜 왁스로 만들어진 것이 있는데, 아로마 테라피용으로는 콩 왁스나 팜 왁스와 같이 식물성 제품을 사용하는 것이 좋다. 오일 버너를 사용할 때는 특히 화재가 발생하지 않도록 주의해야 한다.

▉ 기타 적용법

마사지법과 목욕법 외에도 에센셜 오일은 샴푸나 로션, 연고, 크림, 에센스 스프레이 등의 다양한 형태로 만들어 사용할 수 있다. 에센셜 오일은 캐리어 오일이나 다른 용매에 혼합하는 경우 변성이 빨리 진행되므로 사용할 만큼만 만들어서 사용한다. 또 만들어진 제품은 냉장 보관해 사용하는 것이 좋다. 블렌딩 비율은 만들고자 하는 형태에 따라서 달리한다. 샴푸의 경우 베이스로 사용할 천연 샴푸 240ml에 에센셜 오일의 종류에 따라서 15~18방울을 희석하고, 에센스 스프레이에는 100ml에 에센셜 오일에 따라 10~13방울을 희석해 사용한다.

아토피 개선을 위한 에센셜 오일 활용법

아토피 증상이 있는 경우 아토피를 유발하는 원인을 찾아내어 그것에 최대한 노출이 되지 않도록 해주어야 한다. 특히 개의 경우 먹는 것에 신경을 많이 써야 한다. 먼저 첨가물이 들어갔거나 들어갔을 거라고 의심되는 것은 최대한 먹거리에서 배제한다. 그리고 신선한 재료로 만들어진 먹이를 먹인다. 그렇게 하는 것만으로도 시간이 지나면서 아토피 증상은 많이 호전된다. 먹거리를 이렇게 반복해서 강조하는 이유는 먹거리의 문제는 아무리 강조해도 지나치지 않기 때문이다.

먹거리 말고도 아토피를 유발하는 요인들은 다양하다. 그러한 원인들이 무엇인지 최대한 찾아내야 한다. 그 원인은 반려견마다 다르고 집집마다 다르다. 동물병원의 수의사는 반려견의 체질이나 반려인의 집 사정을 세세히 알 수 없기 때문에 모든 아토피 원인을 이야기해주는 데 한계가 있다. 그렇기 때문에 반려인들이 스스로 그 원인을 찾으려고 노력해야 한다. 그러한 원인들이 배제되지 않는 상태에서는 어떤 방법을 강구하더라도 일시적일 수밖에 없다. 원인을 찾아서 배제시켜주고 면역력을 높일 수 있도록 도와주는 것과 병행하여, 아토피 증상에 따라 에센셜 오일을 적절하게 사용하면 아토피로 인해 고생하는 개의 고통을 줄여주는 데 큰 도움이 된다.

아토피의 주된 증상은 염증과 가려움(소양감)이다. 그리고 시간이 지나면서 피부가 부어서 태선화가 일어나고, 경우에 따라 지루가 많이 분비되기도 한다. 아토피가 심하지 않은 경우 피부는 건조하고 약간의 가려움증 증상을 보인다. 에센셜 오일은 이러한 증상들에 따라서 선택을 한다. 에센셜 오일은 아토피를 유발하는 체내에 들어온 독소를 배출시키고 염증을 완화시키며 소양감을 줄여주는 동시에, 면역력을 증가시켜주는 데에도 도움이 된다.

에센셜 오일은 아토피 증상에 효과적으로 사용할 수 있다. 하지만 다시 한 번 더 강조하지만 잘못 사용하는 경우 부작용이 생길 수 있다. 그러므로 최대한 안전한 방식으로 사용하여야 한다.

■ 가려움증 완화
저먼 카모마일과 라벤더, 샌달우드(백단향)가 가

러움증 완화에 효과가 있다. 만약 소양감의 원인이 스트레스나 정신적인 것일 경우, 로만 카모마일과 베르가못, 라벤더가 도움이 된다.

■ 건성 피부

만성적인 건조 피부에는 저먼 카모마일, 샌달우드, 라벤더가 도움이 된다. 이 에센셜 오일을 0.5% 농도로 스프레이 형태로 만들어 사용한다.

■ 독소 배출

몸에 축적된 독소를 배출시키는 것은 피부의 회복에 도움이 된다. 독소 배출에는 주니퍼베리, 캐롯시드, 로즈메리가 도움이 된다.

■ 면역 촉진

많은 에센셜 오일들이 면역을 촉진하는 작용을 가지고 있다. 라벤더, 레몬, 로즈메리, 베르가못, 티트리, 프랑킨센스 등이 면역력을 증가시키는 데 도움이 된다.

■ 살균

염증이 진행되면서 2차적으로 세균이 감염되었거나 세균 감염이 의심되는 경우 티트리가 가장 효과가 좋다. 또 라벤더, 레몬, 니아울리가 도움이 된다.

■ 상처 치료

만성적인 아토피와 소양감으로 피부에 상처가 난 경우 베르가못, 저먼 카모마일, 로만 카모마일, 프랑킨센스, 제라늄, 라벤더, 멀, 로즈메리, 티트리가 도움이 된다.

■ 염증 완화

염증을 완화시키는 데 가장 효과가 있는 에센셜 오일은 저먼 카모마일이다. 또 라벤더도 도움이 된다.

■ 항지루

피부 염증이 진행되면서 지루가 많이 분비되어 피부가 끈적거리고 냄새가 심하게 나는 경우, 지루를 완화시키기 위해서는 시더우드 아트라스나 샌달우드, 피부를 수렴해주기 위해서는 주니퍼베리와 사이프러스, 그리고 레몬이 도움이 된다. 이때 세균 감염이 의심되는 경우 티트리와 라벤더를 같이 사용한다.

■ 아토피 스킨 스프레이 만들기

■ 준비물

재료: 에센셜 오일, 정제수, 카렌듈라 플로럴 워터, 알로에베라 워터, 나프리(천연 방부제), 소독용 알코올

만들기 도구: 비커 2개, 유리 막대, 스프레이 용기, 라벨지

■ 만들기(100ml)

① 비커, 유리 막대, 스프레이 용기를 알코올로 소독한다.

② 원료를 계량한다.(A용액) 정제수 80ml, 알로에베라 워터 10ml, 카렌듈라 플로럴 워터 5ml, 나프리 1ml

③ 에센셜 오일을 선택한다. 오일은 3~4가지 선택한다.

④ 다른 비커에 알코올 5ml를 계량한다.

⑤ 알코올에 선택한 에센셜 오일을 섞는다.(B용액) 에센셜 오일은 모두 합해 10~13방울을 혼합한다. 예) 아토피 스프레이: 라벤더EO 3방울, 저먼 카모마일EO 2방울, 티트리EO 2방울, 프랑킨센스EO 2방울/ 소양성 스프레이: 라벤더EO 5방울, 저먼 카모마일EO 3방울, 프랑킨센스EO 3방울.

⑥ A용액과 B용액을 혼합한다.

⑦ 스프레이 액을 용기에 담는다.

251

⑧ 개 이름과 주요 증상, 블렌딩 한 날짜를 라벨지에 기재해 스프레이 용기에 붙인다.

② 아로마 천연 샴푸 만들기

■ 준비물

재료: 편백 워터, 폴리쿼터, 글리세린, 애플워시, 코코베타인, 올리브 물비누, 나프리, MSM 유기유황, 에센셜 오일, 라벤더EO, 샌달우드EO, 저먼 카모마일EO, 티트리EO, 소독용 알코올

■ 천연 샴푸 만들기 재료는 인터넷에서 '천연 비누 만들기'를 검색하면 재료를 구할 수 있는 사이트를 찾을 수 있다.

만들기 도구: 핫플레이트, 핸드 블렌더, 유리 비커, 실리콘 주걱 2개, 전자저울(최소 계량 단위 0.1g과 1g 두 가지), 온도계, 샴푸 용기

■ 만들기 (200ml)

① 비커와 유리 막대, 샴푸 용기를 알코올로 소독한다.

② 편백 워터(91ml)를 계량한다. 점증제인 폴리쿼터(1g)를 넣어 4시간 정도 점증되도록 놓아둔다.

③ 폴리쿼터가 편백 워터와 잘 섞이도록 핸드 블렌더를 사용하여 혼합한다.

④ 60℃까지 가온하면서 주걱으로 젓는다.

⑤ 핫플레이트에서 비커를 내린 후 천연 계면 활성제 원료 코코베타인(34g)과 글리세린(18g)를 계량하여 혼합한다.

254

⑥ 애플워시(45g)를 계량하여 혼합한다.

⑦ 첨가물 원료(나프리(5g), MSM 유기유황(7g))을 계량하여 혼합한다.

⑧ 에센셜 오일을 넣는다. 예) 라벤더EO 4방울, 샌달우드EO 2방울, 저먼카모마일EO 2방울, 티트리EO 2방울

⑨ 샴푸를 샴푸 용기에 담은 후 스티커를 붙인다.

❸ 아로마 아토피 연고 만들기

■ 준비물

재료: 헴프씨드 오일, 호호바 오일, 그레이프씨드 오일, 정제 시어버터, 비즈왁스(밀랍), 나프리, 소독용 알코올

만들기 도구: 핫플레이트, 핸드 블렌더, 비커, 실리콘 주걱, 온도계, 연고 용기, 스티커

■ 만들기 (20g)

① 비커와 유리 막대, 연고 용기를 알코올로 소독한다.

② 헴프씨드 오일(5g)과 호호바 오일(9g), 그레이프씨드 오일(6g)을 계량하여 혼합한다.

③ 혼합한 오일을 60℃까지 가열한다.
④ 정제 시어버터(0.5g)를 혼합하여 젓는다. 비정제 시어버터는 사람들이 좋아하지 않는 독특한 냄새가 나기 때문에 정제 시어버터를 사용한다.

⑤ 비즈왁스(2g)를 혼합하여 젓는다. 시어버터나 비즈왁스가 잘 녹지 않는 경우 온도를 조금 올려주면 쉽게 녹는다. 연고의 점도가 너무 무르면 비즈왁스의 양을 늘리고 반대로 점도가 너무 딱딱하면 비즈왁스의 양을 줄인다.

⑥ 나프리(1g)를 첨가한다.
⑦ 재료들이 충분히 녹아서 섞이면 50℃ 이하로 식힌다.
⑧ 약간 식은 연고액에 에센셜 오일을 넣는다.

⑨ 연고액을 연고 용기에 부어서 응고시킨다.

⑩ 스티커를 붙여서 연고의 용도와 만든 날짜를 표시해둔다.

아토피 증상으로 주로 나타나는 것 중 하나가 외이염이다. 외이염은 초기에는 아무 표시 없이 가려워서 귀를 긁는 정도의 증상만 보이다가, 시간이 경과되면서 귀가 빨갛게 붓고 노란 고름이 나오기 시작한다. 그런 상태로 되는 것을 예방하기 위해서는 수시로 귀를 세정해주어야 한다. 동물병원이나 반려동물 용품점에서 판매하는 귀 세정제도 있다. 그런 귀 세정제에는 계면 활성제가 들어 있어서 귀 분비물을 효과적으로 제거할 수 있지만, 장기적으로 사용하면 외이도를 건조하게 만든다.

그러므로 귀 상태가 안 좋을 때에는 아로마 귀 세정제가 귀 면역력을 높여줄 수 있다. 귀는 예민한 부분으로 에센셜 오일이 귀 점막에 자극을 주기 때문에, 아로마 귀 세정제로는 에센셜 오일을 사용하지 않고 하이드로졸을 사용한다. 아로마 귀 세정제는 합성 방부제를 사용하지 않기 때문에 쉽게 변질될 수 있으므로 냉장고에 보관해 사용한다. 세정제 내에 이물질이 보이면 폐기하고 새로 만들어서 사용한다.

■ 준비물

재료: 정제수, 티트리 하이드로졸, 라벤더 하이드로졸, 카모마일 하이드로졸, 카렌듈라 추출물, 나프리, 소독용 알코올

만들기 도구: 비커 2개, 스포이드, 유리 막대, 귀 세정제 용기, 라벨지

■ 만들기 (100ml)

① 비커, 스포이드, 유리 막대, 귀 세정제 용기를 알코올로 소독한다.

② 원료를 계량한다.

    정제수　87 ml

    티트리 하이드로졸　5 ml

    라벤더 하이드로졸　2.5 ml

    카모마일 하이드로졸　2.5 ml

    카렌듈라 추출물　1 ml

    나프리　1 ml

③ 계량한 재료들을 잘 섞는다.

④ 혼합한 용액을 용기에 담는다.

⑤ 제조한 날짜를 라벨지에 기재해 용기에 붙인다.

블렌딩에 대해

에센셜 오일은 고농도이므로 원액을 그대로 사용하지 않고 캐리어 오일에 희석해 사용한다. 적절한 농도로 희석해 사용하지 않는 경우, 피부 발적과 같은 다양한 부작용이 생길 수 있다. 또 에센셜 오일을 단독으로 사용하기도 하지만, 더 좋은 결과를 얻기 위해 몇 가지 오일을 섞어서 사용한다. 이와 같이 다른 오일이나 캐리어 오일과 섞는 것을 '블렌딩(blending)'이라고 한다. 블렌딩은 반려견의 심신 상태와 원하는 효과 그리고 개의 향 선호도, 오일의 상호 작용 및 주의 사항을 고려해 최적의 효과를 낼 수 있도록 오일을 혼합하는 것이 그 목적이다.[92] 특히 블렌딩은 에센셜 오일별 특성과 사용량이 중요하므로 반드시 아로마 테라피스트와 상의해야 한다.

블렌딩을 하여 얻을 수 있는 효과로는 '시너지 효과(synergy effect)'와 '퀀칭 효과(quenching effect)'가 있다. 시너지 효과는 에센셜 오일을 효과적으로 블렌딩 했을 때 각각의 에센셜 오일이 가진 효능의 합보다 더 많은 효능을 얻을 수 있는 것을 말한다. 또 에센셜 오일에는 한 가지 화학 물질만 들어 있는 것이 아니라 여러 가지 성분들이 들어 있다. 그로 인해 각 성분이 보완적인 기능을 하면서 어떤 미량 성분의 독성을 완화시켜주는 작용도 한다. 이와 같이 여러 가지 성분이 어떤 성분의 독성을 완화시켜주는 것을 퀀칭 효과라고 한다.[93]

■1 블렌딩의 목적

블렌딩을 할 때 먼저 결정할 것은 어떤 목적을 위한 블렌딩인지 정하는 것이다. 블렌딩의 목적은 크게 두 가지로 나뉜다. 하나는 육체적인 증상을 개선하는 것이고, 다른 하나는 정신적·심리적인 증상을 개선하기 위한 것이다. 아토피로 인한 가려움증이 문제라면 블렌딩은 진통과 항염 효과에 집중해 이루어져야 한다. 또 개가 분리 불안 등으로 스트레스를 받을 때에는 진정과 편안함을 주는 향으로 블렌딩을 해야 한다. 이때 단지 증상만을 다루는 것이 아니라 그 원인이 무엇인지 살펴보아, 근본적인 원인을 해소할 수 있는 블렌딩을 해야 한다. 그래서 아로마 테라피는 전인적인 치료 요법이다.

❷ 오일의 선택

어떤 목적의 블렌딩을 할 것인지 정했다면, 비슷한 효능이 있는 여러 에센셜 오일 중에 선택을 해야한다. 사람의 경우 어떤 향을 선호하는지 의사소통이 가능하지만, 동물에게 적용할 때에는 어려운 부분이 있다. 그래도 동물에게 아로마 테라피를 적용할 때 가장 좋은 방법은, 동물이 오일의 향을 맡아보게 함으로써 좋아하는 향을 사용하고 기피하는 향은 제외시키는 것이다. 에센셜 오일은 같은 목적을 위해 사용할 수 있는 오일이 여러 가지가 있다. 가령 피부의 염증을 완화시킬 목적으로 에센셜 오일을 선택한다면 라벤더, 로만 카모마일, 저먼 카모마일, 샌달우드와 같은 오일들 중에 선택할 수 있다. 이 중에서 동물이 기피하는 오일은 배제하고 선호하는 오일을 선택하면 된다.

개의 피부가 민감한 경우라면 선택한 오일로 패치 테스트를 한다. 패치 테스트는 희석한 에센셜 오일을 개의 피부에 발라 2일간 관찰해 가려움증이나 발적이 있는지를 살펴본다. 또 에센셜 오일이 들어간 제품을 사용하면서 발적과 같이 과민한 반응을

간혹 보일 수도 있다. 오일의 종류에 따라서 과민한
반응이 나타날 수 있기 때문에, 그러한 경우에는 에
센셜 오일이 들어간 제품의 사용을 멈추어야 한다.
개들은 블렌딩 한 오일을 피부에 발랐을 때 핥아 먹
는 경우가 많다. 과도하게 핥아 먹는 경우 문제가
될 수 있으므로 핥지 못하게 한다.

❸ 향 노트

에센셜 오일을 블렌딩 할 때 고려해야 할 또 한
가지는 향 노트이다. 향 노트는 에센셜 오일의 휘발
성에 따라서 탑 노트(top note)와 미들 노트(middle
note), 베이스 노트(base note)로 구분된다.

탑 노트는 휘발성이 강해 블렌딩 오일의 향을 맡
았을 때 처음에 강하게 느낄 수 있는 향이다. 이런
향은 휘발성이 강한 만큼 처음에 강한 향이 나지만
금방 사라져버린다. 대체로 탑 노트는 시트러스 계
열의 향으로, 밝고 상쾌한 느낌으로 기분을 고양시
킨다. 스위트오렌지, 베르가못, 페퍼민트, 시나몬,
클로브가 속한다.

미들 노트는 좀 더 오래 지속되며, 블렌딩 오일에
따뜻함과 풍부한 느낌을 준다. 제라늄, 라벤더, 마
조람, 로즈우드가 이에 속한다. 베이스 노트는 무거

운 향으로 오랜 시간 향이 지속된다. 또 단지 베이스 노트의 향만을 오래 지속시키는 것이 아니라 탑 노트나 미들 노트의 향도 지속 시간을 늘려주기 때문에 보류제로 사용하기도 한다. 프랑킨센스, 파출리, 베티버, 샌달우드가 이에 속한다.

좋은 블렌딩은 향 노트가 다른 오일을 블렌딩 했을 때 각각의 향이 따로 나는 것이 아니라 전체가 어우러져 한 가지 향처럼 느껴지게 한 것이다. 이것은 음식을 만들 때 각각의 재료들이 어우러져 더욱 풍부한 맛을 내는 것과 같은 이치다. 각각의 오일이 서로 긴밀한 관계를 갖는 블렌딩 오일을 만들기 위해서는 많은 경험이 필요하다.

향수를 만들 때에는 15~25%의 탑 노트와 30~40%의 미들 노트, 45~55%의 베이스 노트를 혼합했을 때 좋은 향이 만들어진다고 한다. 하지만 《Aromatherapy Workbook》의 저자인 마르셀 라바브레(Marcel Lavabre)는 아로마 테라피에서는 탑 노트 20~40%, 미들 노트 40~80%, 베이스 노트 10~25% 비율을 제안한다.[94]

4 블렌딩의 실제

에센셜 오일은 고농도이기 때문에 직접 피부에

접촉하는 경우 심한 자극을 주게 된다. 그러므로 화상을 입었을 때 라벤더 원액을 사용하거나 무좀을 치료하기 위해 티트리 원액을 바르는 것과 같이, 특별한 목적을 위한 경우를 제외하고는 반드시 에센셜 오일은 캐리어 오일에 희석하여 사용해야 한다. 캐리어 오일도 여러 종류가 있으며 사용 목적에 따라 선택한다.

아로마 테라피는 경험적인 대체 요법이다. 아로마 테라피스트마다 경험한 것이 다르기 때문에, 에센셜 오일을 적용하는 방법과 블렌딩 하는 방법도 매우 다양하다. 그렇기에 어느 한 가지 방법만 옳다고 주장할 수는 없다. 다양한 블렌딩 방법 중에서 세계적으로 권위를 인정받고 있는 영국 아이텍 (ITEC, International Therapy Examination Council)의 최신 아로마 테라피 기준을 소개하고자 한다.

아이텍이 가장 중요하게 생각하는 기준은 안전이다. 에센셜 오일에는 많은 종류가 있고 효능도 다양하다. 그중에는 특정 질환에 강력한 효능을 지닌 에센셜 오일도 있다. 하지만 그 강력한 효능에 비해 부작용을 가지고 있다면, 아이텍에서는 그런 에센셜 오일을 아로마 테라피 용도로 적합하지 않다고 판단한다. 가령 감기와 기관지염, 인플루엔자와 같은 호흡기 증상에 히솝(Hyssopus officinalis)은 탁월한 효과를 가지고 있다. 이 히솝은 고대부터 사용되었으며, 의학의 아버지라 불리는 히포크라테스는 늑막염과 기관지염에 히솝을 처방했다.[95] 이런 호흡기에 대한 탁월한 효과 때문에 감기나 호흡기 증상에 히솝을 사용하는 사람들이 있다. 하지만 아이텍에서는 히솝이 고혈압이나 간질 환자에게 자극을 주는 등 부작용을 일으키기 때문에 아로마 테라피에 사용하는 것을 조심하라고 한다.

동물은 사람보다 훨씬 더 예민한 후각을 가지고 있다. 또 몸집도 작다. 따라서 에센셜 오일의 독성에도 더 민감할 수밖에 없다. 그렇기 때문에 동물에 에센셜 오일을 적용할 때에는 눈에 보이는 효능보다 안전을 최우선으로 생각하는 것이 바람직할 것이다. 동물을 위한 아로마 테라피 관련 서적을 살펴보면, 어떤 책에서는 사용을 금하라는 오일이 다른 책에서는 효과가 좋은 오일로 소개되어 있기도 하다. 이것은 각 저자마다 경험한 것이 다르기 때문이다. 여기서 누구의 의견을 따를 것인가는 결국 독자의 몫이지만, 그 선택에서 안전을 최우선으로 하는 것이 바람직하다.

아이텍에서는 에센셜 오일의 적용 방법도 마사지나 증기 흡입법 또는 기화법 같은 방법을 권하고 있으며, 먹는 것은 금하고 있다. 하지만 프랑스나 미국에서는 에센셜 오일을 복용하는 방식으로 이용하기도 한다. 에센셜 오일을 복용하는 것은 효능 못지않게 부작용이 발생할 수 있으므로 매우 조심해야 하며, 전문가와 상담해 실시하는 것이 좋다.

아이텍에서는 사람에게 사용할 에센셜 오일의 블렌딩은 3가지 오일을 초과하지 않을 것을 권한다. 성인의 경우 전신 마사지용 오일은 일반적으로 2%로 블렌딩을 한다. 에센셜 오일은 1ml가 대략 20방울이다. 캐리어 오일 10ml에 4방울의 에센셜 오일을 블렌딩 하면 2%가 된다. 예를 들어 스트레스 개선을 위해 에센셜 오일을 스위트오렌지, 라벤더, 마저럼으로 선택했다면 10ml 캐리어 오일에 스위트오렌지 2방울, 라벤더 1방울, 마저럼 1방울과 같이 3가지 에센셜 오일을 합해 4방울을 혼합하면 된다.

캐리어 오일	에센셜 오일	
10ml	+ 4방울	= 2%
5ml	+ 2방울	= 2%
5ml	+ 1방울	= 1%

이때 마사지 대상이 노인, 어린이, 몸이 쇠약하거나 수술 후 회복기의 환자, 임신 수유부 등인 경우, 민감한 피부 또는 얼굴 부위인 경우에는 1% 이하로 블렌딩을 하여 사용한다.[96] 그리고 국소에 적용할 오일이나 연고의 블렌딩은 5~10%로 한다.

동물에게 에센셜 오일을 사용할 때에도 반드시 캐리어 오일에 희석해 사용해야 한다. 동물에 아로마 테라피를 적용할 때에는 동물의 민감한 후각을 고려한다. 동물은 같은 에센셜 오일을 사용하더라도 사람에 비해 훨씬 더 예민하게 반응한다. 따라서 최대한 안전한 범위에서 에센셜 오일을 사용해야 한다.

《Holistic Aromatherapy for Animals》의 저자인 크리스틴 리 벨(Kristen Leigh Bell)은 개에게 에센셜 오일을 적용할 때에는 사람의 1/4을 사용하라고 권한다. 또는 갓난아기에게 적용하는 비율로 사용하라고 한다. 캐리어 오일에는 1~2% 비율로 블렌딩하고, 240ml 샴푸에는 30방울의 에센셜 오일을 섞을 것을 권한다.[97] 그에 비해 《Essential Oils for Animals》의 저자인 나야나 모락(Nayana Morag)은 육체적인 문제에는 캐리어 오일 5ml에 에센셜 오일 2~3방울을, 정신적인 문제에는 5~10ml의 캐리어 오일에 에센셜 오일 1방울을 희석할 것을 권하고 있다.[98] 저자에 따라서 차이가 있지만 동물의 안전을 생각한다면 0.2%로 희석하는 것이 좋다.

개는 에센셜 오일의 독성에 민감하기 때문에 페놀계나 케톤계의 에센셜 오일을 사용하지 않는다. 대형견 종류일 경우 8주령 이하의 강아지에게는 사용하지 말고, 소형견 종류일 경우 10주령 이하의 강아지에게는 사용하지 않는다. 임신한 개에게는 페퍼민트, 로즈메리, 니아올리, 티트리, 스피아민트, 유칼립투스와 같은 자극적인 오일을 사용하지 않는다. 그 대신 진정 효과나 강장 효과가 있는 오일을 사용한다.[99]

동종 요법을 사용하는 경우 블랙페퍼와 유칼립투스, 페퍼민트 오일은 사용하지 않는다. 이들 에센셜 오일의 강한 향이 동종 요법 레메디의 약효를 무력화시키기 때문이다. 에센셜 오일에 대한 반응은 개마다 모두 다르기 때문에, 초기에는 최소의 농도로 사용하고 개의 상태를 살핀다. 에센셜 오일을 적용하고 개가 흥분하거나 가려움증이 심해지거나 과도한 호흡과 같은 증상을 보이면, 에센셜 오일의 사용을 멈추고 물을 많이 마실 수 있도록 해준다. 또 블렌딩 오일은 내성이 생기는 것을 방지하기 위해 3개월마다 다른 에센셜 오일로 바꿔준다.

다음의 오일은 동물에게 과민한 반응이나 독성을 유발할 수 있기에 사용을 하지 않는다.

Tip 동물에 사용하지 말아야 할 에센셜 오일[100]

겨자(Mustard), 계수나무(Cassia), 노루발풀(Wintergreen), 루타(Ruta, Rue), 마늘(Garlic), 명아주(Goosefoot), 버들잎명아주(Chenopodium), 볼도(Boldo), 비터아몬드(Bitter Almond), 사보리(Savory), 사사프라스(Sassafras), 산탈리나(Santalina), 서양고추냉이(Horseradish), 서양통풀(Yarrow), 쑥(Mugwort), 쑥국화(Tansy), 아니스(Anise), 약쑥(Wormwood), 오레가노(Oregano), 자작나무(Birch), 장뇌(Camphor), 정향(Clove Leaf and Bud), 창포(Calamus), 볏라벤더(Crested Lavender), 테레빈나무(Terebinth), 페니로얄(Pennyroyal), 타임(Red or White Thyme), 향나무(Juniper),* 측백나무(Thuja).

*향나무(Juniper)는 사용 불가지만 Juniper berry는 사용 가능함.

개 피부병에 도움이 되는
에센셜 오일과 캐리어 오일

아로마 테라피에 사용하는 에센셜 오일은 매우 많은 종류가 있다. 그 많은 종류를 모두 소개하는 것은 이 책의 범위를 벗어나는 일이다. 이 책에서는 개의 피부병에 유용한 몇 가지 에센셜 오일과 캐리어 오일을 소개하고자 한다. 또 하나의 에센셜 오일은 육체적인 문제뿐만 아니라 정신적인 문제 등 다양한 문제를 해소하는 데 도움이 될 수 있다. 이 책에서는 그런 다양한 효능 중에 피부와 관련된 부분만 간략히 소개하고자 한다. 그밖에 아로마 테라피를 동물의 다양한 증상에 적용하고 싶다면, 크리스틴 리 벨(Kristen Leigh Bell)의 《Holistic Aromatherapy for Animals》와 나야나 모락(Nayana Morag)의 《Essential Oils for Animals》를 추천한다.

◼ 에센셜 오일

■ 라벤더 오일(Lavender Oil)

— 식물의 학명: Lavandula angustifolia 또는 L. officinalis

— 식물의 생태: 라벤더는 90cm 높이의 관목으로 향기가 나는 청보라색 꽃이 핀다. 지중해 지역이 원산지로 현재 주요 생산국은 불가리아와 프랑스이며, 나라마다 향과 효능에 차이가 있다. 또 생산지 고도에 따라 오일의 품질에 차이가 있으며, 해발 600~1500m 정도에서 재배되어 증류 추출한 라벤더 오일이 최고 품질을 갖는다.

— 추출 부위: 라벤더 꽃

— 추출 방법: 증기 증류 추출법

— 주요 화학 구성 성분: linayl acetate, lavandulyl acetate(에스테르계) 46%, linalool, geraniol(알코올계) 35%

— 향 노트: middle note

— 치유 작용: 강장 작용, 고양 작용, 균형 작용, 냉각 작용, 독소 제거 작용, 면역 촉진 작용, 살균 작용, 살진균 작용, 상처 회복 작용, 이뇨 작용, 이완 작용, 진정 작용, 진통 작용, 항경련 작용, 항바이러스 작용, 항염 작용, 혈압 강하 작용

– 적용 증상

육체적 효과: 스트레스와 관련된 피부 질환, 화상, 흉터, 상처, 부종, 부비동염, 벼룩 구충제, 다른 오일의 효능 지원

피부에 대한 효과: 모든 피부 상태에 효과적인 에센셜 오일로 폭넓게 사용할 수 있으며, 지성 피부의 피지 균형을 맞춰준다. 여드름, 벌레에 물린 곳, 항균, 화상, 피부염과 건선 치유 효과가 있다. 특히 화상을 입었거나 모기에 물렸을 때 원액을 발라주면 빠른 효과를 볼 수 있다.

행동학적 효과: 신경 히스테리, 수줍음, 충격

– 주의 사항: 무독성, 무자극으로 사용하기에 안전한 오일이다. 다만 혈압을 떨어뜨리는 효과가 있기 때문에 저혈압 환자에게는 사용하지 않는다.

■ 레몬 오일(Lemon Oil)

– 식물의 학명: Citrus limonum

– 식물의 생태: 레몬은 중국 남동부 지역이 원산지로, 현재는 지중해 지역 국가를 비롯해 전 세계적으로 재배되고 있다. 작은 흰 꽃과 노란색 열매를 맺는 작은 감귤류 나무다.

– 추출 부위: 레몬 열매의 껍질

– 추출 방법: 압착법

– 주요 화학 구성 성분: α-pinene, β-pinene, limonene(터펜계) 95%

– 향 노트: top note

– 치유 작용: 강장 작용, 고양 작용, 냉각 작용, 독소 제거 작용, 면역 촉진 작용, 살균 작용, 살진균 작용, 수렴 작용, 이뇨 작용, 정화 작용, 지혈 작용, 해열 작용, 혈압 강하 작용, 항바이러스 작용

– 적용 증상

육체적 효과: 면역 자극, 신장과 간 울혈, 신장 결석, 뼈 성장

피부에 대한 효과: 과다한 피지 생산을 막아주는 수렴 효과가 있어 지성 피부에 효과적이다. 또 해독 작용을 하여 혈색을 좋게 해주고, 셀룰라이트 치료에 유용하다. 원액을 사마귀 치료에 이용할 수 있다.

행동학적 효과: 과도한 경고 행위를 하는 동물, 신뢰 문제, 이상 반응 동물

– 주의 사항: 일부 동물에게서 과민 반응을 일으킬 수 있으므로 주의해서 사용하고, 광독성을 유발할 수 있으므로 사용 직후에는 직사광선이나 자외선을 쬐지 않도록 한다.

■ 로즈메리 오일(Rosemary Oil)

– 식물의 학명: Rosmarinus officinalis

– 식물의 생태: 로즈메리는 2m 높이의 관목으로 향기가 나는 바늘 같은 잎을 가졌다. 지중해 지역이 원산지이며 오일은 주로 스페인, 프랑스, 튀니지에서 생산된다. 고대 이집트나 로마에서는 비싼 향료를 대신할 용도로 로즈메리를 많이 사용했다.

– 추출 부위: 로즈메리 잎과 꽃

– 추출 방법: 증기 증류 추출법

– 주요 화학 구성 성분: α-pinene, β-pinene, camphene(모노터펜계) 30%, 1,8-cineole, caryophyllene oxide(산화물계) 30%

– 향 노트: middle note

– 치유 작용: 강심 작용, 강장 작용, 고양 작용, 면역 촉진 작용, 발적 작용, 발한 작용, 이뇨 작용, 상처 회복 작용, 살균 작용, 수렴 작용, 진통 작용, 항경련 작용, 항바이러스 작용, 혈압 상승 작용

– 적용 증상

육체적 효과: 순환 장애, 과로한 근육, 호흡계 울혈, 탈모 또는 고르지 못한 피모, 단단해진 근육, 여러 동물이 있는 경우 정기적으로 확산법을 이용하면 감기나 켄넬코프(Kennel cough)와 같은 호흡기 질환을 예방할 수 있다.

피부에 대한 효과: 모발 생장 자극 효과가 있어 털의 성장을 돕고, 비듬 제거에 효과적이다.

행동학적 효과: 신경질적인 동물, 신뢰의 부족

– 주의 사항: 임신 중이거나 간질 환자 또는 고혈압 환자에게 사용해서는 안 된다.

■ 로즈우드 오일(Rosewood Oil)

– 식물의 학명: Aniba rosaeodora

– 식물의 생태: 로즈우드는 높이 20m가량의 열대성 상록수로 아마존 유역에서 자생한다. 로즈우드 오일에 포함된 리날로올(linalool) 성분 때문에 향기 산업에 많이 사용되었지만, 지금은 합성 리날로올이나 중국산 저가 리날로올 원료의 등장으로 생산이 줄어들고 있다.

– 추출 부위: 로즈우드 나무의 목질

– 추출 방법: 증기 증류 추출법

– 주요 화학 구성 성분: linalool(알코올계) 80~90%

– 향 노트: middle-base note

– 치유 작용: 강장 작용, 세포 재생 작용, 진정 작용, 항우울 작용, 항균 작용

– 적용 증상

피부에 대한 효과: 살균 작용과 세포 촉진 작용으로 피부염, 민감성 피부, 노화 피부에 효과적이다.

또 손상된 피부의 회복에도 도움이 된다.

– 주의 사항: 무독성, 무자극성 오일이다.

■ 멀 오일(Myrrh Oil)

– 식물의 학명: Commiphora myrrha

– 식물의 생태: 멀은 높이 10m까지 자라는 감람과 나무로 덥고 건조한 지역에서 자라며, 아프리카와 아라비아반도에서 널리 자생한다. 에센셜 오일은 나무에 상처를 내어 수지를 수집해 증류 추출하는데, 몰약으로도 불리며 고대 이집트, 그리스, 로마, 인도 등지에서 종교적인 의식에 널리 사용되었다. 동방 박사가 예수의 탄생을 축하하기 위해 가져간 선물 중의 하나가 멀 오일이다.

– 추출 부위: 멀의 수지

– 추출 방법: 증기 증류 추출법

— 주요 화학 구성 성분: heerabolene, elemene(세스퀴터펜계) 39%, cuminyl alcohol, myrrh alcohols(알코올계) 40%

– 향 노트: base note

– 치유 작용: 강장 작용, 냉각 작용, 살균 작용, 상처 회복 작용, 살진균 작용, 진정 작용, 자극 작용(소화 촉진 작용, 폐 기능), 항염 작용, 항균 작용

– 적용 증상

육체적 효과: 곰팡이 피부 감염, 눈물로 짓무른 상처, 과도한 점액

피부에 대한 효과: 방부 작용, 수렴 작용, 항염 작용이 뛰어나 오래된 상처나 궤양에 효과적이다. 또 노화 피부와 갈라진 피부에도 유용하다.

행동학적 효과: 슬픔, 은근한 불안, 다른 사람에 대한 과도한 관심, 슬픔, 상실감

– 주의 사항: 임신 중에는 사용을 금한다.

■ 바질 오일(Basil Oil)

– 식물의 학명: Ocimum basilicum

– 식물의 생태: 바질의 종명인 basilicum은 '왕'이라는 뜻의 라틴어로, 뛰어난 향 때문에 '왕의 허브'라 불리었다. 바질은 50cm 정도 높이의 일년생 허브로 향신료로 많이 사용한다. 원산지는 열대 아시아와 아프리카이지만 다양한 품종이 전 세계적으로 재배되고 있으며 기온, 지리학적 위치, 토양 등에 따라 각 지역마다 특유한 에센셜 오일이 생산된다.

– 추출 부위: 바질의 잎과 꽃대

– 추출 방법: 증기 증류 추출법

– 주요 화학 구성 성분: linalool(알코올계) 41%, Methyl chavicol(페놀계) 21%

– 향 노트: top note

– 치유 작용: 강장 작용, 고양 작용, 거담 작용, 신경 강장 작용, 예방 작용, 살균 작용, 항우울 작용, 항경련 작용, 해열 작용

– 적용 증상

육체적 효과: 과로로 인한 근육 피로, 근육 경련, 순환기 부진, 소화 장애, 울혈성 기침과 특히 열이 있는 감기, 바이러스성 감염, 벌레 물린 곳

피부에 대한 효과: 항염 작용을 하여 모낭염에 효과적이며, 피부를 건강하게 하여 털의 성장을 돕는다. 자극이 강한 오일이므로 일상적으로 사용하는 것보다 증상이 있을 때만 사용하는 것이 좋다.

행동학적 효과: 여행 공포증, 들뜨고 산만한 동물에게 도움이 된다.

— 주의 사항: 바질의 메틸 차비콜(methyl chavicol) 성분이 피부에 자극을 줄 수 있으므로, 아로마 테라피에서는 메틸 차비콜 함량이 5% 이하인 바질을 사용하고 민감성 피부에 주의한다. 반드시 소량만 사용한다. 또 통경 작용을 하기 때문에 임신 중인 개에게는 사용을 금지한다. 간질이나 발작 증세가 있는 개에게도 사용을 금지한다.

■ 베르가못 오일(Bergamot Oil)

– 식물의 학명: Citrus aurantium ssp. bergamia

– 식물의 생태: 베르가못은 높이 2~5m의 교목으로 이탈리아 남부의 칼라브리아에서 많이 재배하며, 이탈리아에서는 해열제와 벌레 퇴치용으로 이용되어왔다. 서양배 모양의 열매는 껍질이 얇고 질기며 녹색을 띠는데 익으면 노란색이 된다. 그러나 과육이 너무 신맛을 내어 먹을 수 없고, 주로 에센셜 오일을 추출하기 위해 재배한다.

– 추출 부위: 베르가못 열매의 껍질

– 추출 방법: 압착법

– 주요 화학 구성 성분: linalyl acetate(에스테르계) 30~60%, limonene(모노터펜계) 33%, linalool(알코올계) 18%

– 향 노트: top note

– 치유 작용: 고양 작용, 진통 작용, 살균 작용, 균형 작용, 냉각 작용, 소화 촉진 작용, 면역 자극 작용, 방충 작용, 완하 작용(대장의 작용을 촉진시켜 배출을 원활하게 해줌), 신경 강장 작용, 청량 작용, 이완 작용, 진정 작용, 상처 회복 작용, 항우울 작용, 항염 작용, 항바이러스 작용, 해열 작용

– 적용 증상

육체적 효과: 사마귀, 모든 종류의 종양, 바이러스성 감염, 생식 요로계 감염, 곰팡이 감염, 생체 리듬의 균형, 분만 후

피부에 대한 효과: 항염 작용을 하여 모낭염과 상처 치료에 유용하다. 또 습진과 건선, 지성 피부에 효과적이다.

행동학적 효과: 우울증, 좌절에 의해 예민해진 상태, 무뚝뚝함

– 주의 사항: 베르가못 오일의 성분 중 베르갑텐(bergapten)은 햇빛을 받은 부위를 갈색으로 변하게 하는 광독성이 있으므로, 사용 후 4시간 정도는 직사광선을 받지 않도록 해야 한다.

■ 시더우드 아틀라스 오일(Cedarwood Atlas Oil)

– 식물의 학명: Cedrus atlantica

– 식물의 생태: 시더우드 아틀라스는 피라미드와 같은 모양으로 높이 40m까지 자라며, 솔잎같이 가늘고 뾰족한 잎을 가졌다. 원산지는 아프리카 알제리와 모로코의 아틀라스산맥이다. 고대에 시더우드 아틀라스 목재는 향과 방부 효과 때문에 신전의 건축, 화장품이나 시체 방부용 약제로 사용되었다. 유럽에서는 개미나 좀을 막기 위해 면직물 보관함에 넣어두기도 한다. 최상 품질의 오일은 20~30년 된 나무를 잘게 잘라 증류해 얻어진다.

– 추출 부위: 시더우드 아틀라스의 목재나 톱밥

– 추출 방법: 증기 증류 추출법

– 주요 화학 구성 성분: himachalenes 14.5%, α-himachalene 10%, β-himachalene 42%(세스퀴터펜계), atlantone(케톤계) 19%

– 향 노트: base note

– 치유 작용: 강장 작용, 살균 작용, 수렴 작용, 순환 촉진 작용, 이뇨 작용, 살진균 작용, 살충 작용, 점액 용해 작용, 진정 작용, 항진균 작용, 항지루 작용

– 적용 증상

육체적 효과: 탈모, 방충제, 약한 신장, 부종, 카타르(많은 양의 점액이 흐르는 상태), 천명, 천식

피부에 대한 효과: 림프액을 순환시키는 효과가 뛰어나서 셀룰라이트 제거에 효과적이며, 피지 분비 조절로 지성 피부나 지루성 피부에 좋다. 또 비듬을 경감시키고 모발 성장을 강화한다.

행동학적 효과: 공포, 겁 많음, 의지력의 부족, 새집으로 이사 또는 다른 집에 갔을 때의 스트레스

– 주의 사항: 무독성, 무자극성, 비민감성 오일이나 통경 작용을 하므로 임신 중에는 사용하지 않는다.

■ 제라늄 오일(Geranium Oil)

– 식물의 학명: Pelargonium graveolens

– 식물의 생태: 제라늄은 식물 전체에 샘털이 나는 다년생 관목성 식물로, 높이 1m까지 자라며 향기가 나는 잎을 가지고 있다. 원산지는 남아프리카이며 17세기에 유럽으로 전파되어 지금은 지중해 지역, 러시아, 이집트, 중국을 비롯해 전 세계에서 재배되고 있다. 각국에서 생산되는 제라늄 오일은 각각 성질과 상태에 차이가 있으며, 버본(Bourbon, 레위니옹섬의 전 이름)에서 생산된 오일을 최고로 평가한다.

– 추출 부위: 제라늄 식물 전체

– 추출 방법: 증기 증류 추출법

– 주요 화학 구성 성분: citronellol, geraniol, linalool(알코올계) 60%, geranyl formate(에스테르계) 15%

– 향 노트: middle note

– 치유 작용: 강장 작용, 고양 작용, 구충 작용, 균형 작용, 살균 작용, 수렴 작용, 상처 회복 작용, 세포 재생 작용, 이뇨 작용, 진통 작용, 항우울 작용, 항염 작용

– 적용 증상

육체적 효과: 호르몬 문제, 피부 문제(특히 기름

기 있는 비듬), 이나 모기, 피부의 진균 감염, 건조하거나 지성 가피가 있는 피부

피부에 대한 효과: 세포 재생 작용이 뛰어나고 항염 효과도 좋으며, 게다가 향까지 좋아서 다양한 피부 질환에 폭넓게 사용한다. 피지 생성을 조절하는 기능은 건성, 지성 피부 모두에 도움이 되고 상처나 화상에도 유용하다.

행동학적 효과: 안정적이지 않음, 변덕 유형, 새 집이나 기존 생활 방식의 중단에 따른 스트레스

– 주의 사항: 대체로 무독성, 무자극성, 비민감성이지만 과민한 피부에는 주의하고, 여성 호르몬과 관련된 암 환자에게는 사용을 금지한다.

■ 주니퍼베리 오일(Juniper berry Oil)

– 식물의 학명: Juniperus communis

— 식물의 생태: 주니퍼베리는 두송(Common juniper)의 열매를 말한다. 두송은 중앙 유럽 전역에서 자생하는 상록 관목으로, 높이가 12m에 달하고 가는 잎을 가졌다. 고대 그리스인들은 전염병을 예방하기 위한 소독용으로 주니퍼베리 오일을 사용했으며, 티베트나 아메리카 원주민들은 종교 의식용 향으로 사용했다.

– 추출 부위: 두송의 건조 열매 또는 잎과 잔가지

– 추출 방법: 증기 증류 추출법

– 주요 화학 구성 성분: α-pinene, β-pinene, limonene, myrcene(모노터펜계) 60~80%, α-terpineol geraniol(알코올계) 10%

– 향 노트: middle-base note

– 치유 작용: 강장 작용, 독소 제거 작용, 발적 작용, 발한 작용, 이뇨 작용, 살균 작용, 정화 작용, 진정 작용, 진통 작용, 항경련 작용

– 적용 증상

육체적 효과: 관절염, 부종, 연부 조직의 과로, 근육 경련, 신장 감염, 간을 정화하는 의료 처치 후

피부에 대한 효과: 독소 배출 효과가 뛰어나 독소 축적으로 인해 발생하는 피부 질환에 효과적이다. 이러한 배출 효과는 셀룰라이트 제거와 지성 피부의 피지 제거에도 유용하다.

행동학적 효과: 안절부절못함, 의혹, 군중에 의해 압도되거나 불안해함

– 주의 사항: 강력한 이뇨 작용으로 독소 배출 효과가 뛰어나지만, 신장 관련 질환이 있는 경우 사용하지 않는다. 사용 후에는 신선한 물을 많이 마시도록 한다. 또 자궁 근육을 자극하는 효과가 있어 임신 중에는 사용하지 않는다.

■ 로만 카모마일 오일(Roman chamomile Oil)

— 식물의 학명: Chamaemelum nobile 또는 Anthemis nobilis

– 식물의 생태: 로만 카모마일은 고사리 모양의 잎과 데이지 닮은 꽃을 가진 다년생 식물로, 원산지는 지중해 연안국과 유럽이며 현재는 영국, 벨기에, 프랑스 등에서 널리 재배되고 있다. 저먼 카모마일에 비해 정신적인 긴장을 완화하는 효과가 뛰어나다.

– 추출 부위: 로만 카모마일 꽃

– 추출 방법: 증기 증류 추출법

– 주요 화학 구성 성분: 2-methylbutyl, 2-methyl propionate, isobutyl angelate, angelate, tiglate(에스테르계) 80%

– 향 노트: middle note

– 치유 작용: 강장 작용, 구충 작용, 완만한 진통 작용, 살균 작용, 소화 촉진 작용, 진정 작용, 상처 회복 작용, 항염 작용, 항경련 작용, 해열 작용

– 적용 증상

육체적 효과: 염증이 있거나 가려운 피부, 스트레스와 관련된 피부 문제, 신경성 소화기 질환, 설사, 약한 가려움, 습진

피부에 대한 효과: 항염 작용을 하므로 피부염, 습진 등에 사용하며, 저먼 카모마일에 비해 정신적

인 스트레스로 인한 가려움증과 같은 증상에 더욱 효과적이다. 민감하거나 건조한 피부에 유용하다.

행동학적 효과: 체질적인 신경질, 신경성 공격, 공포, 신경과민, 어린이를 공격하거나 편안히 쉬지 못하는 개에게 도움이 된다.

– 주의 사항: 국화과 식물에 알레르기 반응이 있는 경우를 제외하고 대체로 비독성, 비자극성, 비민감성이다.

■ 저먼 카모마일 오일(German chamomile Oil)

— 식물의 학명: Matricaria recutita 또는 M. chamomilla

– 식물의 생태: 저먼 카모마일은 높이 60cm 정도의 흰 꽃을 피우는 일년생 식물로, 원산지는 지중해 연안과 유럽이다. 유럽에서는 오래전부터 꽃을 우려내어 소화 장애와 피부의 염증에 사용해왔다. 로만 카모마일과 비슷한 효능을 가지지만 더 강한 항염, 항알레르기 작용을 한다.

– 추출 부위: 저먼 카모마일 꽃

– 추출 방법: 증기 증류 추출법

– 주요 화학 구성 성분: chamazulene, bisabolene (세스퀴터펜계) 36%, bisabolol, farnesol (알코올계) 32%, α-bisaboloxide(옥사이드계) 12%

– 향 노트: middle note

– 치유 작용: 강장 작용, 구충 작용, 이완 작용, 면역 촉진 작용, 상처 회복 작용, 진정 작용(신경계), 진통 작용, 항경련 작용, 항알레르기 작용, 항염 작용

– 적용 증상: 절제되고 감정을 쉽게 드러내지 않는 소극적인 동물에게 좋다.

육체적 효과: 분출된 피부 상태, 벌레 물린 데, 관절염, 연부 조직의 종창, 궤양, 진균 감염

피부에 대한 효과: 강력한 항염 작용을 하여 습진, 모낭염 등의 피부 질환에 뛰어난 효과를 보인다. 알레르기, 가려움증, 피부 궤양, 건선 등의 치료에 사용할 수 있다.

행동학적 효과: 불안, 과민성, 성급함

– 주의 사항: 일반적으로 비독성, 비자극성, 비민감성으로 알려져 있다. 하지만 국화과 식물에 민감한 피부가 있으므로 패치 테스트 후에 사용한다. 통경 작용을 하므로 임신 초기나 생리 중에는 사용에 주의한다.

■ 캐럿씨드 오일(Carrot seed Oil)

– 식물의 학명: Daucus carota ssp. carota

– 식물의 생태: 캐럿씨드 오일은 야생 당근 씨앗에서 추출한다. 일반 재배용 당근(D. carota L.

subsp. sativus)은 적색의 식용할 수 있는 뿌리를 가지고 있다. 반면에 야생 당근은 먹을 수 없는 질긴 흰색 뿌리를 가지고 있으며, 원산지는 유럽, 아시아, 북아메리카이다. 캐럿씨드 오일은 간세포를 재생시키고, 손상 받은 피부를 낫도록 도와준다.

– 추출 부위: 야생 당근 씨앗

– 추출 방법: 증기 증류 추출법

– 주요 화학 구성 성분: carotol, daucol, linalool, geraniol(알코올계) 26%, α-pinene, β-pinene(모노터펜계) 22%

– 향 노트: middle note

– 치유 작용: 강장 작용, 세포 재생 작용, 살균 작용, 소화 촉진 작용, 이뇨 작용, 정화 작용, 혈관 확장 작용

– 적용 증상

육체적 효과: 식욕 부진, 간 손상, 영양실조, 상처 치유의 지연, 빈약한 피부와 발굽, 궤양, 벌레 물린 곳

피부에 대한 효과: 정화 작용이 뛰어나 피부의 독소를 제거함으로써 노화 피부와 손상된 피부의 개선 효과가 뛰어나다. 피부염, 습진, 건성 피부 등에 사용한다.

행동학적 효과: 감정적 방치 또는 포기, 살고자 하는 의지의 상실

– 주의 사항: 무독성, 무자극성, 비민감성이나 통경 작용을 하므로 임신 중에는 사용하지 않는다.

■ 티트리 오일(Tea tree Oil)
– 식물의 학명: Melaeuca alternifolia
– 식물의 생태: 티트리는 높이 5~7m까지 자라는 상록수로 바늘 모양의 가는 잎을 가지고 있다. 원산지는 호주와 뉴질랜드이며, 호주 원주민들은 감기와 두통을 완화시킬 목적으로 사용해왔다. 영국 탐험가인 제임스 쿡(James Cook) 선장이 선원들의 괴혈병을 예방하기 위한 목적으로 차를 끓여 마시면서 '티트리'라고 불리기 시작했다.
– 추출 부위: 티트리 잎과 잔가지
– 추출 방법: 증기 증류 추출법
– 주요 화학 구성 성분: terpine-4-ol, linalool(알코올계) 45%, terpinene, pinene(모노터펜계) 40%
– 향 노트: top note
– 치유 작용: 강장 작용, 거담 작용, 냉각 작용, 면역 촉진 작용, 발한 작용, 살균 작용, 살진균 작용, 살충 작용, 상처 회복 작용, 항균 작용, 항바이러스 작용, 항염 작용, 항진균 작용
– 적용 증상
육체적 효과: 상처 소독, 피부 감염, 종기, 농양,

면역 자극제, 발열

피부에 대한 효과: 매우 강력한 항미생물 작용을 하여 세균, 곰팡이 그리고 바이러스 등의 피부 감염에 탁월한 효과를 보인다. 여드름, 무좀, 비듬, 지성 피부, 가려움증 등 다양한 증상에 사용한다.

– 주의 사항: 무독성, 무자극성이지만 일부 동물에게는 과민 반응을 일으킬 수 있다.

■ 프랑킨센스 오일(Frankincense Oil)

– 식물의 학명: Boswellia sacra

– 식물의 생태: 프랑킨센스는 날카로운 잎에 흰색이나 분홍색의 꽃을 피우는 작은 나무로, 원산지는 서인도, 남동부 아프리카이며 소말리아, 에티오피아에서 주로 자생한다. 칼로 나무껍질에 자국을 내어 수지를 모으며, 수지의 숙성 기간, 색상, 수분 함량 등에 따라서 에센셜 오일의 질이 결정된다. 고대 이집트, 페르시아, 그리스, 로마 시민들의 종교 생활과 가정생활에서 매우 중요한 역할을 담당했으며, 종교 의식에 사용되는 향료의 중요 원료 성분이었다. 예수의 탄생을 축하하기 위해 방문한 동방 박사가 전해준 선물 중 하나인 유향이 프랑킨센스 오일로 생리통 완화 효과, 출산 시 진정 효과가 있다.

– 추출 부위: 프랑킨센스의 수지

– 추출 방법: 증기 증류 추출법

– 주요 화학 구성 성분: octyl acetate(에스테르계) 50%

– 향 노트: middle-base note

– 치유 작용: 강장 작용, 구충 작용, 발적 작용, 면역 촉진 작용, 살균 작용, 수렴 작용, 상처 회복 작용, 세포 재생 작용, 이완 작용, 이뇨 작용, 점액 용해 작용, 진정 작용

– 적용 증상

육체적 효과: 밀실 공포증, 천식, 설사(특히 신경과 관련), 상처, 궤양, 죽음에 편하게 이르도록 함

피부에 대한 효과: 상처 치료, 반흔 형성에 효과적으로 사용되며 건조한 피부, 노화 피부, 지성 피부의 회복에 도움이 된다.

행동학적 효과: 정형화 행동(주절거림, 회전), 특정한 두려움(예: 불꽃놀이), 소음 과민증, 불안

– 주의 사항: 일반적으로 무독성, 무자극성, 비민감성이다.

2 캐리어 오일

■ 달맞이꽃 오일(Evening Primrose Oil)

– 식물의 학명: Oenothera biennis

– 원료: 달맞이꽃 씨

– 효과: 감마-리놀렌산(GLA)이 풍부해 신체 내의 효소 활성에 도움이 된다. 필수 지방산의 불균형을 정상화하는 데 도움이 되고 습진을 완화시킨다. 건조하고 비듬이 있는 피부의 상태를 증진하는 데 유용한 오일이다. 고가의 오일로 다른 오일과 혼합해 사용한다.

– 주의 사항: 불포화 지방산을 고농도로 함유하고 있어 쉽게 산화되므로, 개봉 후에는 빨리 사용하고 냉장 보관한다.

■ 스위트아몬드 오일(Sweet Almond Oil)

– 식물의 학명: Prunus amygdalus var. dulcis

– 원료: 스위트아몬드 견과

– 효과: 영양이 풍부하고 불포화 지방산인 리놀레산을 비롯해 미량의 무기물을 공급해줄 수 있다. 피부를 윤기 있게 보호해주며 가려움증, 습진, 건성 피부 등에 좋다. 피부에 쉽게 스며들며 다양한 피부 타입에 광범위하게 사용된다.

– 주의 사항: 견과류 알레르기가 있는 경우 알레르기 반응을 보일 수 있으므로 사용을 피한다.

■ 아보카도 오일(Avocado Pear Oil)

- 식물의 학명: Persea americana
- 원료: 아보카도 과육
- 효과: 비타민 A와 D를 포함한 많은 영양분이 풍부하다. 피부를 진정시키는 효과가 뛰어나 기저귀 발진, 습진과 같은 증상에 유용하다. 흡수성이 매우 좋고 촉촉하고 유연하게 하므로 건성 피부, 손상 받은 피부, 습진, 노화 피부에 좋다.
- 주의 사항: 스위트아몬드 오일과 같이 점도가 높으므로 가벼운 오일과 섞어 사용한다.

■ 호호바 오일(Jojoba Oil)

- 식물의 학명: Simmondsia chinensis
- 원료: 호호바 씨
- 효과: 건성, 지성, 민감성 등 모든 유형의 피부에 적합해 대부분의 피부에 피지 불균형 증상을 개선시키기 위해 사용할 수 있다. 피지 조절 작용을 하므로 여드름이나 지성 및 건성 피부와 같은 증상을 개선시켜주며 건선, 비듬 등에 사용하면 좋다. 또 피부 연화제로서 피부를 부드럽고 매끄럽게 해주며 항균, 항염 효과도 있어 각종 감염증, 알레르기 질환, 습진에 사용하면 좋다.
- 주의 사항: 냉장 보관 시 노랗게 굳지만 상온에

꺼내놓으면 녹으며, 효능에는 변화가 없다. 고가의
오일이므로 스위트아몬드와 같이 가벼운 오일과 섞
어 사용한다.

주석

1) 환경부, 《아토피 질환 예방·관리 총람》, 2012, 10쪽.

2) R. 네스·G. 윌리엄즈, 《인간은 왜 병에 걸리는가》, 최재천 옮김, 사이언스북스, 1999, 241쪽.

3) EBS 다큐프라임, 〈감기-2부 낫게 해드릴게요〉 2008.06.24.

4) 후쿠오카 신이치, 《생물과 무생물 사이》, 김소연 옮김, 은행나무, 2008, 146쪽.

5) 돈 해밀튼(Don Hamilton), 《고양이와 개의 동종요법》, 양현국 편저, 코벳, 2006, 88쪽.

6) 돈 해밀튼, 앞의 책, 6쪽.

7) 전홍준, 《비우고 낮추면 반드시 낫는다》, 에디터, 2013, 40쪽.

8) R. 네스·G. 윌리엄즈, 앞의 책, 234쪽.

9) R. 네스·G. 윌리엄즈, 앞의 책, 236쪽.

10) Jari Latvala, *Trends in prevalence of asthma and allergy in Finnish young men: nationwide study*, BMJ, 2005, p.1186.

11) 린 마굴리스·도리언 세이건, 《생명이란 무엇인가》, 김영 옮김, 리수, 2016, 122~139쪽.

12) 린 마굴리스·도리언 세이건, 《마이크로 코스모스》, 홍욱희 옮김, 김영사, 2011, 175쪽.

13) Les Dethlefsen et al., *The Pervasive Effects of an Antibiotic on the Human Gut Microbiota, as Revealed by Deep 16S rRNA Sequencing*, PLoS Biol. 2008 Nov; 6(11), p.2383.

14) Tari Haahtela et al., *The biodiversity hypothesis and allergic disease: world allergy organization position statement*, World Allergy Organizatioin Journal, 2013, p.1.

15) 돈 해밀튼, 앞의 책, 91쪽.

16) Tari Haahtela et al., Ibid, p.17.

17) Gisella Pitter et al., *Antibiotic exposure in the first year of life and later treated asthma*, a population based birth cohort study of 143,000 children, Eur J Epidemiol. 2016, Jan;31(1), p.85.

18) R. 네스 · G. 윌리엄즈, 앞의 책, 240쪽.

19) 후나세 슌스케, 《콘크리트의 역습》, 박은지 옮김, 마티, 2012, 66쪽.

20) 정준호, 《기생충 우리들의 오래된 동반자》, 후마니타스, 2011, 248쪽.

21) 정준호, 앞의 책, 249쪽.

22) 숀 메소니에, 《개 피부병의 모든 것》, 홍민기 옮김, 책공 장더불어, 2015, 51쪽.

23) 마키세 · 허정구, 《아토피로부터의 해방》, 시니어북스, 2014, 52쪽.

24) 환경부, 앞의 책, 12쪽.

25) 홍윤철, 《질병의 탄생》, 사이, 2014, 304쪽.

26) 안강모, 〈공기오염물질이 아토피피부염의 발생에 미치는 영향〉, 한국피부장벽학회지, 2014, Vol.16 (2), 112쪽.

27) 마이클 폴란, 《마이클 폴란의 행복한 밥상》, 조윤정 옮김, 다른세상, 2009, 36~37쪽.

28) 매리언 네슬, 《식품정치》, 김정희 옮김, 고려대학교출판부, 2011, 79~85쪽.

29) 마이클 폴란, 앞의 책, 105~107쪽.

30) 마이클 폴란, 앞의 책, 38~39쪽.

31) 이블린 폭스 켈러,《유전자의 세기는 끝났다》, 이한음 옮김, 지호, 2002, 80쪽.

32) 이블린 폭스 켈러, 앞의 책, 155쪽.

33) 후쿠오카 신이치, 앞의 책, 228쪽.

34) 동물 발생 진화에 있어서 눈이나 심장, 부속지와 같은 기관은 매 발생 순간 개별적인 유전자의 작용에 의해서 발생하는 것이 아니라 이미 조합된 유전자 집합에 의해서 형성된다. 이와 같이 이미 조합되어 있는 유전자 세트를 툴킷 유전자라고 한다. 생물의 발생은 툴킷 유전자의 존재 여부에 의해서가 아니라 툴킷 유전자의 작동 여부에 의해서 달라진다. (션 B. 캐럴,《이보디보 생명의 블랙박스를 열다》, 김명남 옮김, 지호, 2007, 86~117쪽을 보라.)

35) 션 B. 캐럴, 앞의 책, 175쪽.

36) 에른스트 마이어,《이것이 생물학이다》, 최재천 외 옮김, 바다출판사, 2016, 363쪽.

37) 리처드 르원틴,《DNA 독트린》, 김동광 옮김, 궁리출판, 2001, 90쪽.

38) 리처드 르원틴, 앞의 책, 54~55쪽.

39) 리처드 H. 피케른 · 수전 허블 피케른,《개 · 고양이 자연주의 육아백과》, 양현국 · 양창윤 옮김, 책공장더불어, 2010, 15쪽.

40) 리처드 H. 피케른 · 수전 허블 피케른, 앞의 책, 111쪽.

41) 앤 N. 마틴,《개 고양이 사료의 진실》, 이지묘 옮김, 책공장더불어, 2011, 97쪽.

42) Robert R. McEllhiney,《사료 생산 공학》, 이영철 옮김, 유한문화사, 2002, 16쪽.

43) 제러미 리프킨,《육식의 종말》, 신현승 옮김, 시공사,

2008, 170쪽.

44) 제러미 리프킨, 앞의 책, 170쪽.

45) 제러미 리프킨, 앞의 책, 151쪽.

46) 리처드 H. 피케른 · 수전 허블 피케른, 앞의 책, 28쪽.

47) 한국일보, "개, 고양이 사료의 진실", 2019년 11월 5일.

48) 리처드 H. 피케른 · 수전 허블 피케른, 앞의 책, 31~32쪽.

49) 앤 N. 마틴, 앞의 책, 44쪽.

50) 매리언 네슬, 앞의 책, 161~182쪽.

51) 마리-모니크 로뱅, 《몬산토 죽음을 생산하는 기업》, 이선혜 옮김, 이레, 2009, 155쪽.

52) 리처드 H. 피케른 · 수전 허블 피케른, 앞의 책, 35쪽.

53) 송재철, 《아토피 피부염과 가공식품》, 울산대학교출판부, 2005, 55쪽.

54) 마틴 티틀 · 킴벌리 윌슨, 《먹지마세요 GMO》, 김은영 옮김, 미지북스, 2008, 99쪽.

55) 마틴 티틀 · 킴벌리 윌슨, 앞의 책, 104쪽.

56) 마틴 티틀 · 킴벌리 윌슨, 앞의 책, 76쪽.

57) 후쿠오카 신이치, 앞의 책, 138쪽.

58) Scott Miller Griffin, 《소동물피부학》, 이승진 옮김, 지성출판사, 1999, 24쪽.

59) 우츠기 류이치, 《화장품이 피부를 망친다》, 윤지나 옮김, 청림Life, 2013, 49쪽.

60) 마키세 · 허정구, 앞의 책, 37쪽.

61) 국립환경과학원, 〈공동 주택 오염도 변화추이 파악을 위한 시계열 조사 연구〉, 2009, 75쪽.

62) 최병성, 《대한민국 쓰레기 시멘트의 비밀》, 이상북스, 2015, 320쪽.

63) 최병성, 앞의 책, 59쪽.

64) 최병성, 앞의 책, 242쪽.

65) 최병성, 앞의 책, 83쪽.

66) 후나세 슌스케, 앞의 책, 18~27쪽.

67) 권지형 · 김보경, 《임신하면 왜 개, 고양이를 버릴까?》, 책공장더불어, 2010, 152쪽.

68) 전홍준, 앞의 책, 6쪽.

69) 최승완, 《에센셜 아로마테라피》, 청문각, 2013, 5쪽.

70) 김홍명 · 황대원, 《내 몸과 영혼을 되살리는 면역 세라피》, Here & Now Insight, 2010, 147쪽.

71) http://www.pettravelexperts.com/archives/4570

72) 앤 N. 마틴, 앞의 책, 168쪽.

73) 마이클 폴란, 앞의 책, 166~168쪽.

74) 마이클 폴란, 앞의 책, 21쪽.

75) 매리언 네슬, 앞의 책, 354쪽.

76) 김재춘, 《아토피 완치의 길 35가지》, 자연요법사랑지기, 2013, 89쪽.

77) 마키세 · 허정구, 앞의 책, 104쪽.

78) 류병호, 《아토피를 일으키는/예방하는 식품》, 예림미디어, 2006, 110쪽.

79) Schenck, Patricia, Home Prepared Dog and Cat Diets, Wiley-Blackwell, 2010, pp.86~115.

80) 김성준 · 권나영, 《아토피를 낫게 하는 맛있는 제철 요리》, 황금시간, 2011, 29쪽.

81) 최병성, 앞의 책, 325쪽.

82) 김정곤, 《아토피 유럽자연의학에서 답을 찾다》, 지식공감, 2012, 38쪽.

83) 숀 메소니에, 앞의 책, 154~156쪽.

84) 돈 해밀튼, 앞의 책, 94~95쪽.

85) 김정곤, 앞의 책, 177쪽.

86) 류기원, 〈21세기의 새로운 질병관과 한방 임상의 현대화에 대한 제언〉, 대한한의학회지, 제13권 제2호, 1992. 10, 9쪽.

87) 홍정효, 〈아토피의 치료에 관한 양방과 한방, 민간요법과 자연치유법에 관한 고찰〉, 생태유아교육연구, 2008, 제7권 제1호, 69~70쪽.

88) 살바토레 바탈리아(Salvatore Battaglia), 《살바토레의 아로마테라피 완벽 가이드》, 권소영 외 옮김, 현문사, 2007, 24쪽.

89) 최승완, 앞의 책, 66쪽.

90) 김혜균 외, 《메르디안 아로마 테라피》, 구민사, 2014, 155~156쪽.

91) Nayana Morag, *Essential oils for animals*, Off The Leash Press. LLC, USA, 2011, p. 183.

92) 최승완, 앞의 책, 85쪽.

93) 최승완, 앞의 책, 85쪽.

94) 살바토레 바탈리아, 앞의 책. 454쪽.

95) 살바토레 바탈리아, 앞의 책, 257쪽.

96) 최승완, 앞의 책, 89쪽.

97) Kristen Leigh Bell, *Holistic Aromatherapy for Animal*, Findhorn Press, Scotland UK, 2002, p. 121.

98) Nayana Morag, Ibid, p. 25.

99) Kristen Leigh Bell, Ibid, p. 122.

100) Kristen Leigh Bell, Ibid, p. 22.

참고문헌

R. 네스 · G. 윌리엄즈, 《인간은 왜 병에 걸리는가》, 최재천 옮김, 사이언스북스, 1999.

Robert R. McEllhiney, 《사료 생산 공학》, 이영철 옮김, 유한 문화사, 2002.

Scott Miller Griffin, 《소동물피부학》, 이승진 옮김, 지성출판 사, 1999.

국립환경과학원, 〈공동 주택 오염도 변화추이 파악을 위한 시계열 조사 연구〉, 2009.

권지형 · 김보경, 《임신하면 왜 개, 고양이를 버릴까?》, 책공 장더불어, 2010.

김성준 · 권나영, 《아토피를 낫게 하는 맛있는 제철 요리》, 황금시간, 2011.

김재춘, 《아토피 완치의 길 35가지》, 자연요법사랑지기, 2013.

김정곤, 《아토피 유럽자연의학에서 답을 찾다》, 지식공감, 2012.

김혜균 · 박수정 · 윤은재 · 임양이, 《메르디안 아로마 테라 피》, 구민사, 2014.

김홍명 · 황대원, 《내 몸과 영혼을 되살리는 면역 세라피》, Here & Now Insight, 2010.

돈 해밀튼(Don Hamilton), 《고양이와 개의 동종요법》, 양현 국 편저, 코벳, 2006.

류기원, 〈21세기의 새로운 질병관과 한방 임상의 현대화에 대한 제언〉, 대한한의학회지, 제13권 제2호, 1992.10, 9~10쪽.

류병호, 《아토피를 일으키는/예방하는 식품》, 예림미디어, 2006.

리처드 르원틴, 《DNA 독트린》, 김동광 옮김, 궁리출판, 2001.

리처드 H. 피케른·수전 허블 피케른, 《개·고양이 자연주의 육아백과》, 양현국·양창윤 옮김, 책공장더불어, 2010.

린 마굴리스·도리언 세이건, 《마이크로 코스모스》, 홍욱희 옮김, 김영사, 2011.

린 마굴리스·도리언 세이건, 《생명이란 무엇인가》, 김영 옮김, 리수, 2016.

마리-모니크 로뱅, 《몬산토 죽음을 생산하는 기업》, 이선혜 옮김, 이레, 2009.

마이클 폴란, 《마이클 폴란의 행복한 밥상》, 조윤정 옮김, 다른세상, 2009.

마키세·허정구, 《아토피로부터의 해방》, 시니어북스, 2014.

마틴 티틀·킴벌리 윌슨, 《먹지마세요 GMO》, 김은영 옮김, 미지북스, 2008.

매리언 네슬, 《식품정치》, 김정희 옮김, 고려대학교출판부, 2011.

살바토레 바탈리아(Salvatore Battaglia), 《살바토레의 아로마테라피 완벽 가이드》, 권소영 외 옮김, 현문사, 2007.

션 B. 캐럴, 《이보디보 생명의 블랙박스를 열다》, 김명남 옮김, 지호, 2007.

송재철, 《아토피 피부염과 가공식품》, 울산대학교출판부, 2005.

숀 메소니에, 《개 피부병의 모든 것》, 홍민기 옮김, 책공장더불어, 2015.

안강모, 〈공기오염물질이 아토피피부염의 발생에 미치는 영향〉, 한국피부장벽학회지, 2014, Vol.16 (2), p.112.

앤 N. 마틴, 《개 고양이 사료의 진실》, 이지묘 옮김, 책공장더불어, 2011.

에른스트 마이어, 《이것이 생물학이다》, 최재천 외 옮김, 바다출판사, 2016.

우츠기 류이치, 《화장품이 피부를 망친다》, 윤지나 옮김, 청림Life, 2013.

이블린 폭스 켈러, 《유전자의 세기는 끝났다》, 이한음 옮김, 지호, 2002.

전홍준, 《비우고 낮추면 반드시 낫는다》, 에디터, 2013.

정준호, 《기생충 우리들의 오래된 동반자》, 후마니타스, 2011.

제러미 리프킨, 《육식의 종말》, 신현승 옮김, 시공사, 2008.

George H. Muller · Scott Miller Griffin, 《소동물피부학》, 이승진 옮김, 지성출판사, 1999.

최병성, 《대한민국 쓰레기 시멘트의 비밀》, 이상북스, 2015.

최승완, 《에센셜 아로마테라피》, 청문각, 2013.

한국일보, "개, 고양이 사료의 진실", 2019년 11월 5일.

홍윤철, 《질병의 탄생》, 사이, 2014.

홍정효, 〈아토피의 치료에 관한 양방과 한방, 민간요법과 자연치유법에 관한 고찰〉, 생태유아교육연구, 2008, 제7권 제1호, 65~85쪽.

환경부, 《아토피 질환 예방 · 관리 총람》, 2012.

후나세 슌스케, 《콘크리트의 역습》, 박은지 옮김, 마티, 2012.

후쿠오카 신이치, 《생물과 무생물 사이》, 김소연 옮김, 은행나무, 2008.

Bell, Kristen Leigh, *Holistic Aromatherapy for Animal*, Findhorn Press, Scotland UK, 2002.

Dethlefsen, Les, Sue Huse, Mitchell L. Sogin, and David A. Relman, *The Pervasive Effects of an Antibiotic on the Human Gut Microbiota, as Revealed by Deep 16S rRNA Sequencing*, PLoS Biol. 2008 Nov; 6(11), pp. 2383~2400.

Haahtela, Tari et al., *The biodiversity hypothesis and allergic disease: world allergy organization position statement*, World Allergy Organizatioin Journal, 2013, pp. 1~18.

Latvala, Jari, *Trends in prevalence of asthma and allergy in Finnish young men: nationwide study*, BMJ, 2005, pp. 1186~1187.

Morag, Nayana, *Essential oils for animals*, Off The Leash Press. LLC, USA, 2011.

Pitter, Gisella, Jonas Filip Ludvigsson, Pierantonio Romor, Loris Zanier, Renzo Zanotti, Lorenzo Simonato, and Cristina Canova, *Antibiotic exposure in the first year of life and later treated asthma*, a population based birth cohort study of 143,000 children, Eur J Epidemiol. 2016, Jan;31(1), pp. 85~94.

Schenck, Patricia, *Home Prepared Dog and Cat Diets*, Wiley-Blackwell, 2010.

Shelton, Melissa, *The Animal Desk Reference: Essential oils for animal*, San Bernardino, CA, 2014.

EBS 다큐프라임, 〈감기-2부 낫게 해드릴게요〉 2008.06.24.
http://www.pettravelexperts.com/archives/4570

찾아보기

개 피부병 자연치유력으로 낫는다

1판 1쇄 인쇄 2022년 9월 15일
1판 1쇄 발행 2022년 9월 20일

지은이 박종무
펴낸이 김현정
펴낸곳 책읽는고양이 / 도서출판리수

등록 제4-389호(2000년 1월 13일)
주소 서울시 성동구 행당로 76 110호
전화 2299-3703
팩스 2282-3152
홈페이지 www. risu. co. kr
이메일 risubook@hanmail. net

ⓒ 2022, 박종무
ISBN 979-11-86274-97-2 13520